U0394029

上海大学教材建设专项经费资助

简明运筹学

JIANMING YUNCHOUXUE >>>>>>>>>>>>>

姚奕荣 韩伯顺 崔洪泉 郑 权 编著

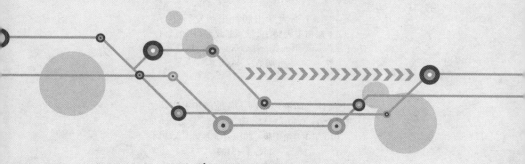

上海大学出版社

内 容 提 要

本书系统地讲述了运筹学中线性规划、非线性规划、总极值问题、动态规划、存储论、决策论、对策论、Matlab 最优化工具箱等基本概念、理论、方法和模型,且专门介绍了有广泛应用前景的运筹学问题的积分型总极值算法和物流配送问题的实例,还介绍了 Excel 电子表格求解方法在运输问题和动态规划问题中的应用,各章后附有习题供读者练习使用.

本书可作为高等院校经济管理类和理工类其他专业本科生的教材,也可作为工程技术人员、经济管理干部学习参考书.

图书在版编目(CIP)数据

简明运筹学/姚奕荣等编著. —上海:上海大学出版社,2010.3
 ISBN 978 - 7 - 81118 - 589 - 8

Ⅰ.①简… Ⅱ.①姚… Ⅲ.①运筹学-高等学校-教材
Ⅳ.①O22

中国版本图书馆 CIP 数据核字(2010)第 032137 号

责任编辑 沈美芳 王悦生 封面设计 柯国富

简明运筹学

姚奕荣 韩伯顺 崔洪泉 郑 权 编著
上海大学出版社出版发行
(上海市上大路 99 号 邮政编码 200444)
(http://www. shangdapress.com 发行热线 66135110)
出版人:姚铁军
*
上海江杨印刷厂印刷 各地新华书店经销
开本 890×1240 1/32 印张 8.25 字数 206 000
2010 年 3 月第 1 版 2010 年 3 月第 1 次印刷
印数:1~3100
ISBN 978 - 7 - 81118 - 589 - 8/O · 049 定价:25.00 元

前　　言

　　运筹学是从 20 世纪三四十年代发展起来的一门新兴学科，它的研究对象是人类对各种资源的运用及筹划活动，它的研究目的在于了解和发现这种运用及筹划活动的基本规律，以便发挥有限资源的最大效益，来达到总体、全局最优的目标. 运筹学已成为经济管理类专业普遍开设的一门重要基础课，目前已经出版了许多种的运筹学教材，这些教材在运筹学教学中起着重要的作用. 为了适应新形势下教学的需要，针对大学生的特点，使教材更具有可操作性、实践性，并将运筹学的最新理论和应用成果及时充实到教材中去，进一步研究如何满足运筹学教学的需要，我们编写了本书. 本书从内容上立求反映经济管理类专业学生的特点，内容相对简明，文字通俗精炼，主要满足经济管理专业本科层次，同时兼顾工程管理实际应用人员的使用. 本教材主要特点是：专门编写了运筹学问题中的积分型总极值算法一章、线性规划运输问题中的物流配送方案设计与制作、运输问题和动态规划问题的 Excel 电子表格求解方法，以及 Matlab 最优化工具箱. 本教材在编写过程中尽可能精选例题，深入浅出地讲解运筹学的基本概念、基本理论、算法和模型.

　　好的教材需要不断地反复修改提高,本教材自 2004 年起在上海大学本科生中试用,逐年修改,但由于编者水平有限,书中有不妥之处在所难免,恳求得到广大读者的宝贵意见和批评指正.

　　在本书的编写过程中,得到了上海大学数学系老师和学生的热情帮助,还得到了上海大学教材建设项目基金的资助和上海大学有关部门的大力支持,在此表示衷心地感谢.

编　者

上海大学理学院数学系

2009 年 12 月

目　　录

第一章 绪 论

1.1 运筹学的性质

运筹学是从 20 世纪三四十年代发展起来的一门新兴学科,它的研究对象是人类对各种资源的运用及筹划活动,它的研究目的在于了解和发现这种运用及筹划活动的基本规律,以便发挥有限资源的最大效益,来达到总体、全局最优的目标. 这里所说的"资源"是广义的,既包括物质材料,也包括人力配备;既包括技术装备,也包括社会结构.

强调研究过程的完整性是运筹学研究的一个重要特点,从问题的形成开始,到构造模型、提出解决方案、进行检验、建立控制,直至付诸实施为止的所有环节构成了运筹学研究的全过程. 因此,它涉及的不仅是方法论,而且与社会、政治、经济、军事、科学技术各领域都有密切的关系.

运筹学研究的另一特点是强调理论与实践的结合,这在运筹学的创建时期就已经表现出来,不论是武器系统的有效使用问题,还是生产组织问题或电话、电信问题,都是与当时的社会实践密切联系的,在解决这些实际问题的同时,运筹学逐渐形成了完整的理论体系,发展成为一门独立的科学学科. 在以后的各个历史阶段中,它仍然遵循着这个基本方针. 因而,在发展理论的同时,也开展了大量的实践活动,从而对社会的进步起到了积极的推动作用.

由于运筹学研究对象在客观世界中的普遍性,再加上运筹学研究本身所具有的上述基本特点,决定了运筹学应用的广泛性,它的应用范围遍及工农业生产、经济管理、科学技术、国防事业等各个方面,诸如生产布局、交通运输、能源开发、最优设计、经济决策、企业管理、都市建设、公用事业、农业规划、资源分配、军事对策等都是运筹学研究的典型问题.

从方法论来说,在运筹学的发展过程中已充分表现出多学科的交叉结合,物理学家、化学家、数学家、经济学家、工程师等联合组织成研究队伍,各自从不同学科的角度出发提出各自对实际问题的认识和见解,促使解决大型复杂现实问题的新途径、新方法、新理论更快地形成.因此,在运筹学的研究方法上自然显示出各学科研究方法的综合,其中特别值得注意的是数学方法、统计方法、逻辑方法、模拟方法等.应该指出,数学方法(或者说,构造数学模型的方法)是运筹学中最重要的方法,它对运筹学的重要性决不亚于它对力学、理论物理所起的作用.所以,从强调方法论,特别是数学方法论的观点而言,可以把运筹学中反映数学研究内容的那部分,看成运筹学与数学的交叉分支,称之为运筹数学,犹如生物数学、经济数学、数学物理等作为生物学、经济学、物理学等与数学的交叉分支而存在,但是,运筹学本身的独立学科性质是由它特定的研究对象所决定的,也正像生物学、经济学、力学、物理学等作为数学以外的独立学科那样毋庸置疑.

在各类经济活动中,经常遇到这样的问题,在生产条件不变的情况下,如何通过统筹安排,改进生产组织或计划,合理安排人力、物力资源,组织生产过程,使总的经济效益达到最大,这样的问题常常可以化成或近似地化成所谓的"线性规划",通过数学方法获得解决.

基于运用筹划活动的不同类型,描述各种活动的不同模型逐渐建立,从而发展了各种理论,形成了不同分支.研究优化模型的规划论、研究排队(或服务)模型的排队论(或随机服务系统)及研究对策模型的对策论(或博弈论)是运筹学最早的三个重要分支,人称运筹学早期的三大支柱. 随着学科的发展,现在分支更细,名目更多,例如线性与整数规划、图与网络、组合优化、非线性规划、多目标规划、动态规划、随机规划、对策论、随机服务(排队论)、库存论、水库论、可靠性理论、决策分析、Markov 决策过程(或 Markov 决策规划)、搜索论、随机模拟、管理信息系统等基础学科分支,计算运筹学、工程技术运筹学、管理运筹学、工业运筹学、农业运筹学、交通运输运筹学、军事运筹学等交叉与应用学科分支都已先后形成.

1.2　现代运筹学发展简史

前面已经指出,现代运筹学作为一门独立的新兴学科,是从 20 世纪三四十年代才逐渐发展形成的. 但是,奠定和构成它发展基础和雏形的早期先驱性工作,却可追溯到 20 世纪初叶,比如: 1908 年丹麦电话工程师 Erlang 关于电话局中继线数目的话务理论的研究,是现代排队论研究的起源;随后英国的 Lanchester 关于战争中兵力部署的理论,是现代军事运筹最早提出的模型; 20 年代美国的 Levinson 关于最优发货量的研究,可以说是对现代库存论和决策论发展的最初启示;而到 30 年代末前苏联的 Kantorovich 总结他研究工作而写成的小册子《生产组织与计划中的数学方法》,则已经是线性规划对工业生产问题的典型应用.

真正作为一门新兴学科的系统研究并予以正式命名的运筹学这段辉煌的创业史,是在第二次世界大战前后揭开的. 20 世纪 30 年代中后期,英国为了正确地运用新发展的雷达系统来对付德国飞机的骚扰,在皇家空军中组织了一批科学家,进行新战术试验和战术效率评价的研究,并取得了满意的效果. 他们把自己从事的这种工作命名为"Operational Research"(运筹学,或直译为作战研究). 之后,运筹学的研究在英国军队各个部门迅速扩展,并纷纷成立运筹学小组. 美国人很快注意到英国运筹学对作战指挥成功的运用,并在自己的军队中也逐渐建立起各种运筹学小组,美国人称这种工作为"Operations Research"或"Operations Analysis"(运筹学或运筹分析,或直译为作战研究或作战分析). 在第二次世界大战前后,这些军事运筹学小组的工作从雷达系统的运行开始,一直到战斗机群的拦截战术,空军作战战术评价,防止商船遭受敌方潜艇的攻击,改进深水炸弹投放的反潜艇战术等等,他们的工作对反法西斯战争的胜利起了积极的作用,他们也为运筹学这门新兴学科的萌芽和发展作出了不可磨灭的历史贡献.

第二次世界大战胜利后,美英各国运筹学的研究不但在军事部门继续予以保留,而且研究队伍还进一步得到扩大和发展,同时在政府和工业部门也开始推行运筹学方法,筹建运筹学小组. 在这些军用或民用的运筹学研究中,得到了很多大学的支持,签订了不少协作研究的合同. 大批专门从事研究的公司也逐渐成立,如著名的RAND 公司就是在 1949 年成立的. 到 20 世纪 50 年代末期,英美两国几乎所有工业部门都建立了相应的运筹学组织,从事运筹学的研究. 各国运筹学会从 50 年代起也先后成立,1959 年由英、美、法三国运筹学会发起成立了国际运筹学会联合会(IFORS),到 1992 年它已包括 41 个成员国(或地区).

中国大规模开展运筹学活动是在 1958 年. 在 1956 年中国科学院成立了运筹学研究小组,向全国推广运筹学,他们配合产业部门的生产需要,从经营、组织、管理方面来挖掘生产潜力,开始了广泛宣传和推广,在这个时期,我国运筹学应用取得了一些成果. 如:在邮电方面,用来调整和组织城乡邮路网,划分投递路段,确定投递路线,合理组织邮政营业,安排包裹分拣生产过程,布置生产场地以及调运邮政空袋等;在市内电话方面,运筹学用来科学地组织装拆工作,组织话机查修机线和网路设计;在长途电话方面,用来搭配长途接续台的电路,安排班次,组织分发台的话单分发、传递以及记录台和查询台的工作;在电报通信方面,用以组织来报投递,搭配电路,公电报底存放以及报房生产场地设计等;在农村电话方面,用来组织电话网的调整规划,……在争取以较少的资源消耗,提高通信质量等方面取得了有效的经济效果.

运筹学应用面很广,它几乎遍及所有门类.生物、医药、冶炼、建筑、交通运输、商业等部门在不同程度上推行了运筹学,取得了一定的经济效益.实践说明,运用运筹学的理论、方法去组织生产、管理企业,是能够发展生产力、提高经济效益的.随着企业现代化的发展,运筹学必将相应地得到更广泛的应用和发展,将会为社会主义企业发挥其积极的作用.

1.3　运筹学主要分支简介

运筹学按所解决问题性质的差别,将实际问题归结为不同类型的数学模型.这些不同类型的数学模型构成了运筹的各个分支.

1. 线性规划(Linear Programming)

经营管理中如何有效地利用现有人力、物力完成更多的任务,或在预定的任务目标下,如何耗用最少的人力、物力去实现目标,这类统筹规划的问题用数学语言表达,先根据问题要达到的目标选取适当的变量,问题的目标通过用变量的函数形式表示(称为目标函数),对问题的限制条件用有关变量的等式或不等式表达(称为约束条件).当变量连续取值,且目标函数和约束条件均为线性时,称这类模型为线性规划模型.有关对线性规划问题建模、求解和应用的研究构成了运筹学中的线性规划分支.线性规划建模相对简单,有通用算法和计算机软件,是运筹学中应用最为广泛的一个分支.用线性规划求解的典型问题有运输问题、生产计划问题、下料问题、混合配料问题等.有些规划问题的目标函数是非线性的,但往往可以采用分段线性化等手法,转化为线性规划问题.

2．非线性规划(Nonlinear Programming)

若上述模型中目标函数或约束条件不全是线性的,对这类模型的研究就构成非线性规划分支.由于大多数工程物理量的表达式是非线性的,因此非线性规划在各类工程的优化设计中得到较多应用.传统的研究非线性规划是以梯度为基础的,其缺点是只能刻画和求可微函数的局部极值.在实际应用中,常出现求不可微函数在非凸约束下的总体极值问题.近年来,这方面的研究变得很活跃.

3．动态规划(Dynamic Programming)

动态规划是研究多阶段决策过程最优化的运筹学分支.有些经营管理活动由一系列相互关连的阶段组成,在每个阶段依次进行决策,而且上一阶段的输出状态就是下一阶段的输入状态,各阶段决策之间互相关联,因而构成一个多阶段的决策过程.动态规划研究多阶段决策过程的总体优化,即从系统总体出发,要求各阶段决策所构成的决策序列使目标函数值达到最优.

4．图论与网络分析(Graph Theory and Network Analysis)

生产管理中经常碰到工序间的合理衔接搭配问题,设计中经常碰到研究各种管道、线路的通过能力,以及仓库、附属设施的布局等问题.运筹学中把一些研究的对象用节点表示,对象之间的联系用连线(边)表示,用点、边的集合构成图.图论是研究由节点和边所组成图形的数学理论和方法.图是网络分析的基础,根据研究的具体网络对象(如铁路网、电力网、通信网等),赋予图中各边某个具体的参数,如时间、流量、费用、距离等,规定图中各节点代表具体网络中任何一种流动的起点、中转点或终点,然后利用图论方法来研究各类网络结构和流量的优化分析.网络分析还包括利用网络图形来描述一项工程中各项作业的进度和结构关系,以便对工程进度进行优化控制.

5．存贮论(Inventory Theory)

存贮论是一种研究最优存贮策略的理论和方法.如为了保证企

业生产的正常进行,需要有一定数量原材料和零部件的储备,以调
节供需之间的不平衡. 实际问题中,需求量可以是常数,也可以是服
从某一分布的随机变量. 每次订货需一定费用,提出订货后,货物可
以一次到达,也可能分批到达. 从提出订货到货物的到达可能是即
时的,也可能需要一个周期(订货提前期). 某些情况下允许缺货,有
些情况不允许缺货. 存贮策略研究在不同需求、供货及到达方式等
情况下,确定在什么时间点及一次提出多大批量的订货,使用于订
购、贮存和可能发生短缺的费用的总和为最少.

6. 排队论(Queueing Theory)

生产和生活中存在大量有形和无形的拥挤和排队现象. 排队系
统由服务机构(服务员)及被服务的对象(顾客)组成. 一般顾客的到
达及服务员用于对每名顾客的服务时间是随机的,服务员可以是一
个或多个,多个情况下又分平行或串联排列. 排队按一定规则进行,
如分为等待制、损失制、混合制等. 排队论研究顾客不同输入、各类
服务时间的分布、不同服务员数及不同排队规则情况下,排队系统
的工作性能和状态,为设计新的排队系统及改进现有系统的性能提
供数量依据.

7. 对策论(Game Theory)

对策论用于研究具有对抗局势的模型. 在这类模型中,参与对
抗的各方称为局中人,每个局中人均有一组策略可供选择,当各局
中人分别采取不同策略时,对应一个收益或需要支付的函数. 在社
会、经济、管理等与人类活动有关的系统中,各局中人都按各自的利
益和知识进行对策,每个人都力求扩大自己的利益,但又无法精确
预测其他局中人的行为,无法取得必要的信息,他们之间还可能玩
弄花招,制造假象. 对策论为局中人在这种高度不确定和充满竞争
的环境中,提供一套完整的、定量化和程序化的选择策略的理论和
方法. 对策论已应用于商品、消费者、生产者之间的供求平衡分析、
利益集团间的协商和谈判,以及军事上各种作战模型的研究等.

8. 决策论(Decision Theory)

决策是指为最优地达到目标,依据一定准则,对若干备选行动的方案进行的抉择.随着科学技术的发展,生产规模和人类社会活动的扩大,要求用科学的决策替代经验决策,即实行科学的决策程序,采用科学的决策技术和具有科学的思维方法.决策过程一般是指形成决策问题,包括提出方案,确定目标及效果的度量;确定各方案对应的结局及出现的概率;确定决策者对不同结局的效用值;综合评价,决定方案的取舍.决策论是对整个决策过程中涉及方案目标选取、度量、概率值确定、效用值计算,一直到最优方案和策略选取的有关科学理论.

第二章 线 性 规 划

摘要:本章介绍了线性规划的基本概念、理论以及求解线性规划的一个有效方法——单纯形方法,还介绍了线性规划的对偶理论以及一个比较特殊的线性规划问题——运输问题的求解及应用.

2.1 线性规划及其数学模型

许多现行的决策是充分利用企业的一切资源,最大限度地完成各项生产计划,以获得最好的经济效果. 线性规划就是达到这一目标的一种有效工具. 它所研究的问题主要有两类: 一类是在给定数量的人力、物力等资源下,如何运用这些资源去完成最大的任务;另一类是在给定任务的情况下,如何统筹安排,使用最小量的资源去完成这项任务. 这两类问题,在不同部门可能有不同的特点,但是,它们也存在许多共性的东西. 一般地说,线性规划在管理方面的应用有:

(1) 生产计划的安排. 为生产管理者确定最有利的生产方案,使生产计划适应企业所具有的生产能力,并使设备利用效率最高.

(2) 原材料的分配. 以最优方式提供一个使原材料或产品运输费用最小的运输方案.

(3) 各种原料的配合. 帮助生产管理者找出各种原料配合的比例,以满足特定混合物的质量要求.

(4) 开料规划. 以最佳方法开料,使边角料最少,以达到提高原料的使用率.

（5）人力管理计划. 使人事管理部门能根据人员的特长来使用人员.

（6）位置设置. 工厂、仓库、设备放置的位置选择.

什么是线性规划呢？"线性"就是说用来描述两个或多个变量之间的关系是成正比例的. 例如：我们说 $y = f(x)$，这里 f 是一个线性函数. x 的任何变化都会引起 y 按一定比例的变化. 如果用图表示这个关系，那是一条直线，因而称为线性. "规划"的意思是使用一定的数学方法，利用企业的有限资源得出一个最好的解. 也就是说，它表示从数学形式表达的一定条件下的一组方程式（或一组不等式）中求某些未知量. 综合上述两个概念，可以给线性规划作如下的定义：作出企业有限资源的最优分配的数学方法. 诚然，这个定义并不是唯一的，对于一个企业家来说，他认为线性规划是实现企业目标的管理工具之一；对于一个经济学家来说，他认为线性规划是满足企业产品的供求规律而进行有限资源分配的方法；而数学工作者则认为，线性规划是解决在一定约束条件下，求目标函数的最大值（或最小值）的方法. 可见不同阶层的人士对线性规划所作的定义是不同的，但其实质是属于优化方法问题.

模型是描述现实世界的一个抽象，从而有助于解决这个被抽象的实际问题，而且能起着指导解决其他具有这些共性的实际问题的作用.

当我们用线性规划来求解一个实际问题的时候，须把这个实际问题用适当的数学形式表达出来，这个表达的过程就是建立数学模型的过程.

在建立数学模型过程中，首先要明确哪些是变量，哪些是已给出的常数，以后将用字母来表示变量，数字及其他符号表示已给常数. 然后将实际问题中的一些规律或关系，用数学表达式来加以描述.

在能用线性规划求解的实际问题中，这些数学表达式就是线性等式和线性不等式，而目标函数也是一个线性函数. 下面将结合一些实际问题来描述和讨论数学模型的建立.

2.1.1 产品品种问题

例 2.1　某车间生产甲、乙两种产品,每件甲产品的利润是 2 元,乙产品是 3 元.制造每件甲产品需要劳动力 3 个,而乙产品需要劳动力 6 个.车间现有的劳动力总数是 24 个.制造每件甲产品需要原材料 2 kg,而乙产品需要 1 kg,车间总共只有 10 kg 原材料可供使用.问应该如何安排生产甲产品、乙产品,才能获得最大的利润?

解　假设以 x_1, x_2 分别表示甲、乙两种产品的计划产量.

如果安排生产的甲、乙产品全部都能被销售掉,要求达到的目标是使

$$Z = 2x_1 + 3x_2 \tag{2.1}$$

达到最大.上式表示本例要达到的目标是最大的利润,它是 x_1, x_2 的函数,称为目标函数.

生产甲、乙产品所用的原材料和劳动力都不能超出现在可供使用的资源量,故有

$$3x_1 + 6x_2 \leqslant 24 \quad (劳动力) \tag{2.2}$$

$$2x_1 + \ x_2 \leqslant 10 \quad (原材料) \tag{2.3}$$

生产的安排,必须满足式(2.2)、(2.3)的条件,这是带有约束性的,因此称为约束条件.

为了便于建立数学模型,把实际问题简化列在表 2.1 中.

表 2.1

单位产品的资源消耗		产品甲	产品乙	现有资源量
资源	劳动力/个	3	6	24
	原材料/kg	2	1	10
单位产品利润/元		2	3	

此问题的数学模型为

$$\max Z = 2x_1 + 3x_2$$
$$\text{s. t. } 3x_1 + 6x_2 \leqslant 24$$
$$2x_1 + x_2 \leqslant 10$$
$$x_1, x_2 \geqslant 0 \quad \text{(安排产品不可能是负数)}$$

这类型问题也称为资源最优利用问题,其一般数学模型如下:

假设某企业有 m 种资源,已知每种资源的数量为 b_i($i = 1$, 2, $\cdots$, m). 该企业可以生产 n 种产品,各种产品的单位利润也是已知的,用 c_j($j = 1$, 2, $\cdots$, n) 表示第 j 种产品的单位利润. 生产每一种产品所消耗的各种资源的数量是已知的,以 a_{ij} 表示第 j 种产品对第 i 种资源的消耗. 问题是如何在企业现有的条件下(劳动力、原材料、设备等),创造出最大的利润. 这类问题的数学模型为

$$\max Z = c_1 x_1 + c_2 x_2 + \cdots + c_n x_n$$
$$\text{s. t. } a_{i1}x_1 + a_{i2}x_2 + \cdots + a_{in}x_n \leqslant b_i \quad (i = 1, 2, \cdots, m)$$
$$x_j \geqslant 0 \quad (j = 1, 2, \cdots, n)$$

或表示为

$$\max Z = \sum_{j=1}^{n} c_j x_j$$
$$\text{s. t. } \sum_{j=1}^{n} a_{ij}x_j \leqslant b_i \quad (i = 1, 2, \cdots, m)$$
$$x_j \geqslant 0 \quad (j = 1, 2, \cdots, n)$$

2.1.2 合理配料问题

例 2.2 某人因健康的需要,每日需要服 A、B 两种维生素,其中,维生素 A 最少服 9 个单位,维生素 B 最少服 19 个单位,现有六种营养物每克含维生素 A、维生素 B 的量如表 2.2 所示.

表 2. 2

每克食物 维生素含量	食 物 种 类						最少需要量
	一	二	三	四	五	六	
维生素 A/单位	1	0	2	2	1	2	9
维生素 B/单位	0	1	3	1	3	3	19
单位价格/角	3.5	3.0	6.0	5.0	2.7	2.2	

设六种食物分别各服用 $x_1(g)$、$x_2(g)$、$x_3(g)$、$x_4(g)$、$x_5(g)$、$x_6(g)$,则可得数学模型:

$$\min Z = 3.5x_1 + 3.0x_2 + 6.0x_3 + 5.0x_4 + 2.7x_5 + 2.2x_6$$

$$\text{s. t.} \quad x_1 \quad + 2x_3 + 2x_4 + \quad x_5 + 2x_6 \geqslant 9 \quad (\text{维生素 A})$$

$$x_2 + 3x_3 + \quad x_4 + 3x_5 + 2x_6 \geqslant 19 \quad (\text{维生素 B})$$

$$x_j \geqslant 0 \quad (j = 1, 2, \cdots, 6)$$

配料问题的一般数学模型:

假设已知各种营养物(食物)所含有的各种营养成分诸如蛋白质、淀粉、纤维素、维生素、钙质等等(或化工厂某混合物产品的原料成分).

根据营养学的要求,为保证人的健康成长,在每日的服用方案中所包含的各种营养物成分的数量不能少于规定的数量(或化工厂生产混合物产品所规定的含量要求).

问题是如何制定一个满足最低营养要求,而又使总费用最少的配料方案?

以 m 表示营养成分的种类;以 n 表示现有可选的食物种类;以 b_i ($i = 1, 2, \cdots, m$) 表示第 i 种营养成分的最低需要量;以 c_j ($j = 1, 2, \cdots, m$) 表示第 j 种食物的单价;以 a_{ij} 表示单位第 j 种食物含第 i 种营养成分的数量;以 x_j 表示在配料方案中所含有第 j 种食物的数量.

目标是使总的费用最小:

$$\min Z = c_1 x_1 + c_2 x_2 + \cdots + c_n x_n$$

约束条件中各种营养成分达到最低要求，即

$$a_{i1} x_1 + a_{i2} x_2 + \cdots + a_{in} x_n \geqslant b_i \quad (i = 1, 2, \cdots, m)$$

选用的食物量不可能是负数，即

$$x_j \geqslant 0 \quad (j = 1, 2, \cdots, n)$$

这类问题的模型为

$$\min Z = \sum_{j=1}^{n} c_j x_j$$

$$\text{s. t.} \sum_{j=1}^{n} a_{ij} x_j \geqslant b_i \quad (i = 1, 2, \cdots, m)$$

$$x_j \geqslant 0 \quad (j = 1, 2, \cdots, n)$$

2.2 图 解 法

对于只含两个变量的线性规划问题，可以采用图解法来求解. 在实际应用中，通常不会碰到这样简单的问题. 但是，图解法简单直观，可用来理解线性规划问题的一些基本思想. 下面通过一个具体的例子对图解法加以说明.

例 2.3 某车间生产甲、乙两种产品，生产每件产品所消耗的劳动力、原材料及可供使用资源量列出如表 2.3 所示.

表 2.3

生产单位产品消耗资源量	产品甲	产品乙	现有资源量
劳动力/个	3	6	24
原材料/kg	2	1	10
单位产品利润/元	2	3	

问:如何安排生产才能使总利润达到最大?

解 设安排生产甲产品 x_1 件,乙产品 x_2 件,于是我们有

$$\max Z = 2x_1 + 3x_2 \tag{2.4}$$

$$\text{s. t. } 3x_1 + 6x_2 \leqslant 24 \tag{2.5}$$

$$2x_1 + x_2 \leqslant 10 \tag{2.6}$$

$$x_1, \ x_2 \geqslant 0 \tag{2.7}$$

第一步,在平面上取定一个直角坐标系 $x_1 O x_2$. 首先确定这个问题的可行区域. 因为 x_1 与 x_2 在这些不等式中的出现都是线性的,所以每一个这样的不等式都代表一个闭半平面. 例如 $x_1 \geqslant 0$ 代表右半平面,$x_2 \geqslant 0$ 代表上半平面,而 $3x_1 + 6x_2 \leqslant 24$ 则代表位于直线 $3x_1 + 6x_2 = 24$ 左下方(同时也包括整根直线)的半个平面,等等. 这四个闭半平面的交集就是可行解区域,如图 2-1 所示. 从图 2-1 中可以看到,可行解区域就是平面上以 O、A、B、C 为顶点的,包括各个边线的闭凸多边形,也就是图中有阴影的区域. 把可行区域的角点(例如 O、A、B、C)称为极点. 可以证明:线性规划的解一定在这种极点上.

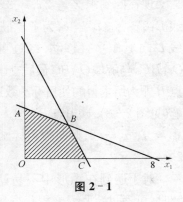

图 2-1

第二步,现在来考虑目标函数 $Z = 2x_1 + 3x_2$.

画等值目标函数线. 用给定的 $Z = 2x_1 + 3x_2$ 画目标函数等值线. 可以这样来作,先令目标函数值为某个常数 c,由 $2x_1 + 3x_2 = c$ 推出 $x_2 = -\dfrac{2}{3}x_1 + \dfrac{c}{2}$.

这时,目标函数的图像是一条斜率为 $-\dfrac{2}{3}$ 的直线,见图 2-2. 当 c 取不同值时,就得到不同的等值线. 因为它们具有相同的斜率,所

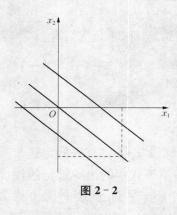

图 2-2

以等值线是互相平行的直线簇.

因为目标函数 Z 是求最大值,为使利润达到最大,要求在解域凸多边形 $OABC$ 上寻找一点 $(x_1^*,\ x_2^*)$,使得 $Z = 2x_1^* + 3x_2^*$ 取得最大值.

第三步,求目标函数的最优值. 在解域 $OABC$ 里任取一点 $(x_1,\ x_2)$,都有一确定的目标函数 Z 与之相对应. 例如在 $OABC$ 里取一点:$x_1 = 2$,$x_2 = 3$,这时 $Z = 2 \times 2 + 3 \times 3 = 13$.

现在回到求 $Z = 2x_1 + 3x_2$ 达到最大问题上来,刚才已作出直线 $L:2x_1 + 3x_2 = c$,为了求最大值,把直线 L 向上作平行移动,经过可行解区域 $OABC$,与解域 $OABC$ 最后交于极点 B,则点 B 即为所求得的使目标函数达到最大的解(见图 2-3).读出点 B 的坐标(4, 2),得 $x_1 = 4$,$x_2 = 2$,此时得目标函数值:$Z = 2 \times 4 + 3 \times 2 = 14$.

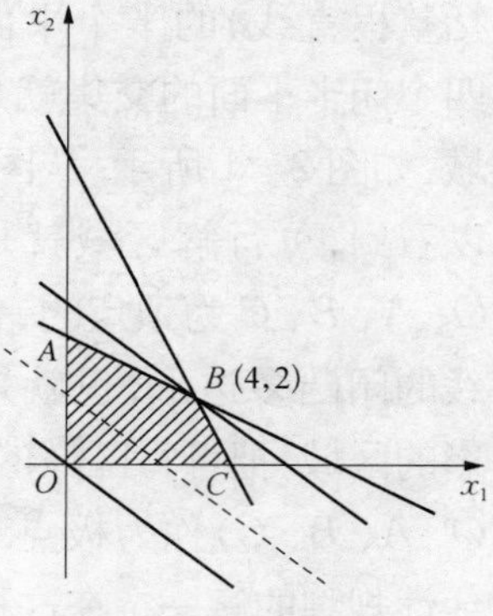

对于遇到在图形中不易读出精确的解时,可通过解联立方程获得最优解.

通过图解法可以较好地理解两个概念:

(1) 可行解——满足约束条件的解.

(2) 最优解——使目标函数取到最优值的可行解.

一般说来,两个变量的线性规划的可行域是由若干条直线围成的凸多边形.它可以是有界的,也可以是无界的,还可以是空的. 它的解有以下四种可能情况(对于一般的线性规划说来,情况也是这样):

(1) 有唯一的最优解. 这个唯一的最优解一定是可行域 X 的一个顶点. 见上例.

图 2-3

(2) 有可行解,但没有最优解. 这时,可行解区域一定是无界的,而且目标函数的等值线可以在该区域内沿某一方向无限制地平行移动. 因此,在可行解区域内目标函数的值没有上(下)界.

例如:求 x_1, x_2 使

$$\max Z = x_1 + 2x_2$$
$$\text{s. t. } -x_1 + 2x_2 \leqslant 2$$
$$x_2 \leqslant 3$$
$$x_1, x_2 \geqslant 0$$

见图 2-4.

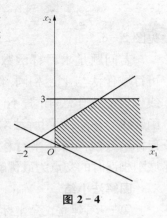

图 2-4

(3) 可行解域为空集,原问题约束方程存在矛盾方程组,这时线性规划问题无解.

例如:求 x_1, x_2 使

$$\max Z = x_1 + 2x_2$$
$$\text{s. t. } x_1 + x_2 \leqslant 8$$
$$4x_1 + 3x_2 \geqslant 36$$
$$x_1, x_2 \geqslant 0$$

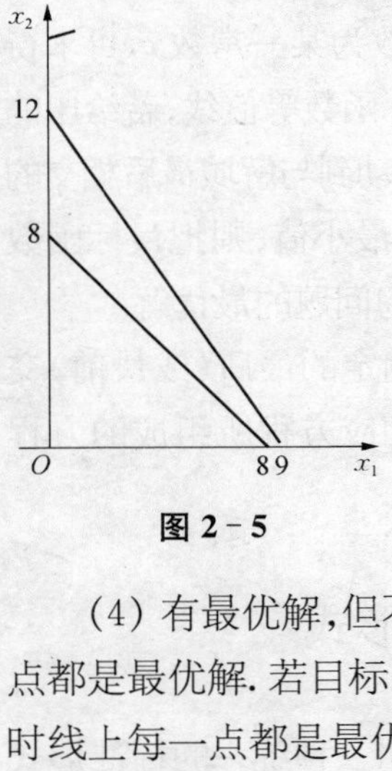

见图 2-5.

图 2-5

(4) 有最优解,但不止一个. 这时,可行解区域的一条边界上的点都是最优解. 若目标函数线平行移动到最后与一约束线重合,这时线上每一点都是最优解,亦即有无限多组解.

例如:求 x_1, x_2 使

$$\max Z = 2x_1 + 3x_2$$
$$\text{s. t. } x_2 \leqslant 3$$
$$2x_1 + 3x_2 \geqslant 12$$

$$x_1,\ x_2 \geqslant 0$$

见图 2-6.

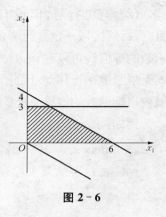

若问题是求目标函数最小值时,可行域作法与上述相同. 作目标函数线也与上述作法相同, 不同的是目标函数线的移动, 用图解法求最小值, 将目标函数线向下作平行移动, 与可行域刚相遇时的交点为最优解.

图 2-6

图解法小结

第一步, 建立直角坐标系.

第二步, 绘制约束条件所表示的图, 作出可行域.

第三步, 画目标函数等值线图. 令目标函数为某一常数 c, 可求得该目标函数线的斜率, 从而也就有了一簇目标函数等值线, 若给出的问题是求最大值, 则把目标函数线向上平行移动到与解域最后相交的点, 这点为问题的最优解; 若给出的问题是求最小值, 则把目标函数线向下平行移动到与解域刚相交的点, 这点为问题的最优解.

第四步, 解联立方程组. 由两条直线所确定的最后(或最前)交点, 为了获得精确的数值, 解由此两条直线相应方程所组成的方程组, 可以得到问题的精确最优解.

2.3 线性规划标准形式

为了方便线性规划问题的求解, 有必要用一种统一的标准形式表示出来.

线性规划问题的标准形式是: 求 $\boldsymbol{x}=(x_1,\ x_2,\ \cdots,\ x_n)^{\mathrm{T}}$, 使得

$$\min f(x_1,\ x_2,\ \cdots,\ x_n)=\sum_{j=1}^{n}c_j x_j$$

$$\text{s. t.} \sum_{j=1}^{n} a_{ij}x_j = b_i \quad (i = 1, 2, \cdots, m)$$

$$x_j \geqslant 0 \quad (j = 1, 2, \cdots, n)$$

在实际生产中，一开始就以标准格式出现的情况是很少遇到的. 因此常常需要把非标准格式转变为标准格式，以方便使用单纯形方法的运算.

有时为了书写方便，线性规划问题的数学模型用矩阵、向量表示，下面予以介绍.

求向量 $\boldsymbol{x} = (x_1, x_2, \cdots, x_n)^{\mathrm{T}}$，使得

$$\min \boldsymbol{c}^{\mathrm{T}}\boldsymbol{x}$$

$$\text{s. t. } \boldsymbol{A}\boldsymbol{x} = \boldsymbol{b}$$

$$\boldsymbol{x} \geqslant \boldsymbol{0}$$

其中 $\boldsymbol{c} = (c_1, c_2, \cdots, c_n)^{\mathrm{T}}$ 是 n 维向量；$\boldsymbol{b} = (b_1, b_2, \cdots, b_m)^{\mathrm{T}}$ 是 m 维向量，且 $\boldsymbol{b} \geqslant \boldsymbol{0}$；

$$\boldsymbol{A} = \begin{bmatrix} a_{11} & a_{12} & \cdots & a_{1n} \\ a_{21} & a_{22} & \cdots & a_{2n} \\ \vdots & \vdots & & \vdots \\ a_{m1} & a_{m2} & \cdots & a_{mn} \end{bmatrix}$$

为 m 行 n 列矩阵.

从线性规划问题的标准形式可以看到，约束条件方程组是一组等式约束方程组. 如果给出的线性规划问题是非标准形式，则需要把它化成标准形式，然后再用解线性规划问题的通用方法——单纯形方法求解.

下面介绍几种非标准形式转换成标准形式的方法.

第一种情况：约束条件中含有"$\leqslant$"号的不等式组，要把问题化为标准形式，在每一个不等式的左端增添一个非负的变量 x_{n+i}（称为松弛变量），从而将不等式变换为等式.

例如：$3x_1 + 6x_2 \leqslant 24$.

为了使它转变为等式的标准格式，引入一个新的变量 $x_3 \geqslant 0$，x_3 称为松弛变量，于是不等式变为等式：

$$3x_1 + 6x_2 + x_3 = 24$$

而在目标函数里，引入的松弛变量的系数为零，所以目标函数没有变化.

一般表达式如下：求 $\boldsymbol{x}$，使得

$$\min f(\boldsymbol{x}) = \sum_{j=1}^{n} c_j x_j + 0 \cdot x_{n+i}$$

$$\text{s. t.} \sum_{j=1}^{n} a_{ij} x_j + x_{n+i} = b_i \quad (i = 1, 2, \cdots, m)$$

$$x_j \geqslant 0, \ x_{n+i} \geqslant 0 \quad (j = 1, 2, \cdots, n; \ i = 1, 2, \cdots, m)$$

第二种情况：约束条件中含有"$\geqslant$"号的不等式组，要把问题化为标准形式，在每一个"$\geqslant$"不等式的左端减去一个非负的变量 x_{n+i}（称为剩余变量），从而可将不等式转换为等式.

例如：$x_1 + 2x_2 \geqslant 4$.

为了使它转变为等式的标准格式，引入一个新的变量 $x_3 \geqslant 0$，x_3 称为剩余变量. 于是不等式变为等式：

$$x_1 + 2x_2 - x_3 = 4$$

而在目标函数里，引入的剩余变量的系数为零，目标函数也不发生变化.

一般表达式如下：求 $\boldsymbol{x}$，使得

$$\min f(\boldsymbol{x}) = \sum_{j=1}^{n} c_j x_j + 0 \cdot x_{n+i}$$

$$\text{s. t.} \sum_{j=1}^{n} a_{ij} x_j - x_{n+i} = b_i \quad (i = 1, 2, \cdots, m)$$

$$x_j \geqslant 0, \ x_{n+i} \geqslant 0 \quad (j = 1, 2, \cdots, n; \ i = 1, 2, \cdots, m)$$

第三种情况:若给出的问题是求目标函数 $c^T x$ 的最大值,则只需将目标函数改变一下符号,将原问题转换成求 $-c^T x$ 的最小值问题.

第四种情况:在约束条件中,若某变量 x_k 没有非负的要求,称这样的 x_k 为自由变量,则引入 $x_k' \geqslant 0$, $x_k'' \geqslant 0$,令 $x_k = x_k' - x_k''$,并把原问题中所有出现 x_k 的地方以 $x_k' - x_k''$ 替换.

第五种情况:若某 $x_k \leqslant 0$,则引入 $x_k' = -x_k$,则 $x_k' \geqslant 0$,并将 $-x_k'$ 代入原问题中所有出现 x_k 处;若某右端项 $b_i \leqslant 0$,则只需将此等式两端同乘 -1,这样右端项就满足标准形式了.

例 2.4 将下述线性规划化为标准形式:

$$\max z = x_1 + 2x_2 + 3x_3$$
$$\text{s. t.} -2x_1 + x_2 + x_3 \leqslant 9$$
$$-3x_1 + x_2 + 2x_3 \geqslant 4$$
$$4x_1 - 2x_2 - 3x_3 = -6$$
$$x_1 \leqslant 0, \ x_2 \geqslant 0$$

解 在上述问题中,令 $z' = -z$, $x_1'' = -x_1$,因 x_3 没有给出说明,所以 x_3 是一自由变量,令 $x_3 = x_3' - x_3''$,其中 $x_3' \geqslant 0$, $x_3'' \geqslant 0$,引入松弛变量 x_4,剩余变量 x_5,原问题就化成标准形式:

$$\min z' = x_1' - 2x_2 - 3x_3' + 3x_3'' + 0x_4 + 0x_5$$
$$\text{s. t.} \ 2x_1' + x_2 + x_3' - x_3'' + x_4 = 9$$
$$3x_1' + x_2 + 2x_3' - 2x_3'' - x_5 = 4$$
$$4x_1' + 2x_2 + 3x_3' - 3x_3'' = 6$$
$$x_1', \ x_2, \ x_3', \ x_3'', \ x_4, \ x_5 \geqslant 0$$

2.4 单纯形方法

2.4.1 线性规划的基本概念和基本定理

线性规划问题:

$$\min f(x_1, x_2, \cdots, x_n) = \sum_{j=1}^{n} c_j x_j \qquad (2.8)$$

$$\text{s. t. } \sum_{j=1}^{n} a_{ij} x_j = b_i \quad (i = 1, 2, \cdots, m) \qquad (2.9)$$

$$x_j \geqslant 0 \quad (j = 1, 2, \cdots, n) \qquad (2.10)$$

可行解　满足上述约束(2.9)、(2.10)的解 $x = (x_1, x_2, \cdots, x_n)^{\mathrm{T}}$，称为线性规划问题的可行解，全部可行解的集合 $F = \{x \mid Ax = b, x \geqslant 0\}$ 称为可行域.

最优解　使目标函数(2.8)达到最小值的可行解称为最优解.

基　设 A 为约束方程组(2.9)的 $m \times n$ 阶系数矩阵，设 $n > m$，其秩为 m，B 是 A 中的一个 $m \times m$ 的满秩子矩阵，称 B 为线性规划问题的一个基. 不失一般性，设

$$B = \begin{pmatrix} a_{11} & a_{12} & \cdots & a_{1m} \\ a_{21} & a_{22} & \cdots & a_{2m} \\ \vdots & \vdots & & \vdots \\ a_{m1} & a_{m2} & \cdots & a_{mm} \end{pmatrix} = (P_1, P_2, \cdots, P_m)$$

B 中的每一个列向量 $P_j(j=1, 2, \cdots, m)$ 称为基向量.

基变量　与基向量 P_j 对应的变量 x_j 称为基变量. 线性规划中除基变量以外的变量称为非基变量. 基变量通常采用下述方法来确定：如果变量 x_j 的系数在某一方程为1，而在其他所有方程为零，则 x_j 为该方程组中的基变量.

基解　在约束方程组(2.9)中，令所有非基变量 $x_{m+1} = x_{m+2} = \cdots = x_{m+n} = 0$，又因为有 $|B| \neq 0$，根据克莱姆规则，由 m 个约束方程可解出 m 个基变量的唯一解，$x_B = (x_1, x_2, \cdots, x_m)^{\mathrm{T}}$. 将这个解加非基变量取0的值，有 $x = (x_1, x_2, \cdots, x_m, 0, \cdots, 0)^{\mathrm{T}}$，称 x 为线性规划问题的基解. 显然，在基解中变量取非零值的个数不大于方程数 m，故基解的总数不超过 C_n^m 个.

基可行解 满足变量非负约束(2.10)的基解称为基可行解.

可行基 对应于基可行解的基称为可行基.

以下我们阐述线性规划可行域的一些几何基本性质,而不加证明,有兴趣的读者可参阅有关文献.

定理 2.1 线性规划的可行域 $F = \{x \mid Ax = b, x \geqslant 0\}$ 是凸集.

定理 2.2 若线性规划(2.8)—(2.10)有可行解,则一定存在基可行解,其中 A 的秩为 m.

定理 2.3 线性规划的可行解 $x = (x_1, x_2, \cdots, x_n)^{\mathrm{T}}$ 为基可行解的充要条件是 x 的正分量所对应的系数列向量线性无关.

定理 2.4 线性规划的所有基可行解是可行域 $F = \{x \mid Ax = b, x \geqslant 0\}$ 的顶点,反之亦然.

2.4.2 单纯形方法

单纯形方法是求解线性规划问题非常有效的方法,它的解题思路如下:先不考虑目标函数,从满足约束条件开始,寻得一初始基可行解,然后求具有较优目标函数值的另一个基可行解,以改进初始解,对目标函数作有限次的改善. 当某一个基可行解不能再得到改善时,即求得线性规划问题的最优解,单纯形方法至此结束.

下面通过一个具体例子来介绍单纯形方法.

例 2.5 求下列线性规划问题的最优解:

$$\max f = 3x_1 + 4x_2$$
$$\text{s. t. } x_1 + 2x_2 \leqslant 6$$
$$3x_1 + 2x_2 \leqslant 12$$
$$x_2 \leqslant 2$$
$$x_1 \geqslant 0, \ x_2 \geqslant 0$$

解 首先引入松弛变量 x_3, x_4, x_5,将此线性规划问题化为标准形式(L):

$$\min f' = -3x_1 - 4x_2 \qquad (2.11)$$

$$\text{s. t. } x_1 + 2x_2 + x_3 \qquad\qquad = 6 \qquad (2.12)$$

$$(\text{L}) \qquad 3x_1 + 2x_2 \qquad\quad + x_4 \qquad = 12 \qquad (2.13)$$

$$x_2 \qquad\qquad + x_5 = 2 \qquad (2.14)$$

$$x_j \geqslant 0 \quad (j = 1, 2, \cdots, 5) \qquad (2.15)$$

可以看出,变量 x_3, x_4, x_5 分别只出现在其中一个方程中,并且系数为 1. 所以它们是基变量,而 x_1, x_2 则称为非基变量. 令非基变量 $x_1 = x_2 = 0$,则就得到相应的基可行解:

$$x_1 = x_2 = 0, \ x_3 = 6, \ x_4 = 12, \ x_5 = 2$$

其相应的目标函数值为: $f' = 0$.

我们把式(2.11)—(2.15)写成表格形式如表 2.4 所示.

表 2.4

c_B	x_B	c_j / x_j x_1	x_2	x_3	x_4	x_5	常数
		-3	-4	0	0	0	
0	x_3	1	2	1	0	0	6
0	x_4	3	2	0	1	0	12
0	x_5	0	$\boxed{1}$	0	0	1	2
检验数 σ_j		3	4	0	0	0	0

表中 c_j 行是依次将目标函数 f' 的各变量系数直接写入,$\boldsymbol{x_B}$ 列写入三个基变量 x_3, x_4, x_5,$\boldsymbol{c_B}$ 列写入了基变量在目标函数 f' 中的对应系数,x_3 所在行是将约束方程(2.12)中各变量的系数依次填入,类似地,x_4 所在行和 x_5 所在行也相应地填入. 常数列中的 6,12, 2 就是约束方程(2.12)—(2.14)右端的常数. 检验数行中各数的求法如下:x_1 对应的检验数 σ_1,等于 $\boldsymbol{c_B}$ 列中各数与 x_1 所在列中各数对应乘积的和减去 x_1 在目标函数 f' 中系数(-3)的差,即

$$\sigma_1 = 0 \times 1 + 0 \times 3 + 0 \times 0 - (-3) = 3$$

类似地,可以求得 x_2, x_3, $\cdots$, x_5 所对应的检验数 $\sigma_2 = 4$, $\sigma_3 = \sigma_4 = \sigma_5 = 0$. 表2.4中右下角中的数字是 $\boldsymbol{c_B}$ 列中各数与常数列中各对应数字乘积的和:$0 \times 6 + 0 \times 12 + 0 \times 2 = 0$.

称上述形式的表格为对应于基变量 x_3, x_4, x_5 的单纯形表,它非常直观地表示了式(2.11)—(2.15).

在式(2.12)—(2.14)中,令非基变量 $x_1 = x_2 = 0$,就得到 $x_3 = 6$, $x_4 = 12$, $x_5 = 2$. 这一基可行解对应的目标函数值为 $f' = -3 \times 0 - 4 \times 0 = 0$,它恰好是表2.4中右下角的数值0.

但是由于目标函数 $f' = -3x_1 - 4x_2$,显然当 x_1 或 x_2 取正数时,可以使目标函数值进一步下降. 例如,我们使目标函数中系数最小的(-4)对应的变量 x_2 取尽可能大的正数,由约束方程(2.12)—(2.14),可得

$$x_3 = 6 - x_1 - 2x_2$$
$$x_4 = 12 - 3x_1 - 2x_2$$
$$x_5 = 2 - x_2$$

如果仍令 $x_1 = 0$,并令 $x_2 = \theta > 0$,我们来看 θ 的最大值可以是多少. 由约束条件(2.15),x_3, x_4, x_5 均应取非负值,所以就有

$$x_3 = 6 - 2\theta \geqslant 0 \quad \theta \leqslant 3$$
$$x_4 = 12 - 2\theta \geqslant 0 \Rightarrow \theta \leqslant 6$$
$$x_5 = 2 - \theta \geqslant 0 \quad \theta \leqslant 2$$

由此不等式组可知,θ 最大只能取2,即 $\theta = \min\left\{\dfrac{6}{2}, \dfrac{12}{2}, \dfrac{2}{1}\right\} = 2$,也就是取 $x_1 = 0$, $x_2 = 2$. 这时

$$x_3 = 6 - 2 \times 2 = 2$$
$$x_4 = 12 - 2 \times 2 = 8$$
$$x_5 = 2 - 2 = 0$$

于是我们求得另一可行解：

$$x_1 = 0, \ x_2 = 2, \ x_3 = 2, \ x_4 = 8, \ x_5 = 0$$

对应的目标函数值

$$f' = -3 \times 0 - 4 \times 2 = -8$$

这一结果我们也可以这样得到，即在方程(2.14)中求得 $x_2 = 2 - x_5$，并把它代入式(2.11)—(2.13)，就得到问题(L)的另一等价形式

$$\min f' = -8 - 3x_1 + 4x_5 \tag{2.16}$$
$$\text{s. t.} \quad x_1 \quad + x_3 \quad - 2x_5 = 2 \tag{2.17}$$
$$3x_1 \quad + x_4 - 2x_5 = 8 \tag{2.18}$$
$$x_2 \quad + x_5 = 2 \tag{2.19}$$
$$x_j \geqslant 0 \quad (j = 1, 2, \cdots, 5) \tag{2.20}$$

不难看出，这实际上是以 x_3, x_4, x_2 为基变量的标准形式. 令非基变量 $x_1 = x_5 = 0$，于是可得到 $x_3 = 2$, $x_4 = 8$, $x_2 = 2$. 此时对应的目标函数值 $f' = -8$.

上述运算，我们可以方便地在表 2.4 上直接进行：

第一步，在 σ 行找到最大的正检验数 $\sigma_2 = 4$，把其对应的非基变量 x_2 调入基变量，而把某一基变量调出成为非基变量. 为了确定究竟哪一个基变量调出，在 x_2 列中找到所有正元素，并分别去除常数列中的对应元素，求出最小比值. 即求

$$\theta = \min\left\{\frac{6}{2}, \frac{12}{2}, \frac{2}{1}\right\} = 2$$

最小比值在 x_5 所在行上取得，则应将 x_5 变为非基变量. 在表 2.4 中，把 x_2 列和 x_5 行交叉处的元素 1 用方框框起来，并称这个元素为主元素.

第二步，将 x_5 所在行所有元素除以主元素，使其变为 1，再将 x_2 所在列中的除了主元素以外的所有元素（包括检验数行中的 σ_2）均采用初等行变换的方法化为 0. 对于本例，先将 x_5 所在行中的各

数乘以(-2),然后分别加到 x_3 所在行和 x_4 所在行,再将 x_5 所在行中的各数乘以(-4)加到检验数行上. 经过这步迭代运算后表 2.4 变成了表 2.5。

表 2.5

c_B	x_B	c_j	-3	-4	0	0	0	常数
		x_j	x_1	x_2	x_3	x_4	x_5	
0	x_3		$\boxed{1}$	0	1	0	-2	2
0	x_4		3	0	0	1	-2	8
-4	x_2		0	1	0	0	1	2
检验数 σ_j			3	0	0	0	-4	-8

不难看出,表 2.5 是(2.16)—(2.20)所对应的单纯形表,其中 x_B 列已将 x_2 替换了 x_5,表示 x_2 进入基变量,x_5 调出基变量,成为非基变量.

在表 2.5 中,令基变量等于右端常数列对应的常数,非基变量取零值,我们就得到另一个基可行解:

$$x_1=0,\ x_2=2,\ x_3=2,\ x_4=8,\ x_5=0$$

它对应的目标函数值恰为表中右下角的常数-8,因此,以后的计算我们只需在单纯形表上直接进行迭代就可以了.

由于表 2.4 中 x_1 对应的检验数 σ_1 仍为正数,即在式(2.15)中 x_1 的系数为(-3),所以将 x_1 从非基变量调入基变量,目标函数还有改进的可能. 在 x_1 所在列中,将此列中的大于零的数 $1,3$ 分别去除常数列中对应的常数,求最小比值. $\theta=\min\left\{\dfrac{2}{1},\dfrac{8}{3}\right\}=2.$

所以确定主元素为第一行和第一列交叉的元素,将此元素在表 2.5 中用方框框起来,将 x_3 所在行中各元素除以此主元素,使主元素为 1(本例已经是 1,可省去此步),然后将包含主元素的列中,除主元素外,其余元素均转化为 0,也即将 x_3 所在行中各元素乘以 (-3) 分别加到 x_4 所在行和检验数行上. 经过这一步迭代运算,我们又得到表 2.6.

表 2.6

	c_j	-3	-4	0	0	0	常 数
c_B / x_B	x_j	x_1	x_2	x_3	x_4	x_5	
-3	x_1	1	0	1	0	-2	2
0	x_4	0	0	-3	1	$\boxed{4}$	2
-4	x_2	0	1	0	0	1	2
检验数 σ_j		0	0	-3	0	2	-14

由表 2.6 可得到又一组基可行解

$$x_1 = 2, \ x_2 = 2, \ x_3 = 0, \ x_4 = 2, \ x_5 = 0$$

对应的目标函数值为 -14.

类似于前面的分析,表 2.6 是下面的线性规划所对应的单纯形表:

$$\min f' = -14 + 3x_3 - 2x_5 \qquad (2.21)$$

$$\text{s. t. } x_1 \quad + \ x_3 \qquad -2x_5 = 2 \qquad (2.22)$$

$$-3x_3 + x_4 + 4x_5 = 2 \qquad (2.23)$$

$$x_2 \qquad + \ x_5 = 2 \qquad (2.24)$$

$$x_j \geqslant 0 \quad (j = 1, 2, \cdots, 5) \qquad (2.25)$$

由于表 2.6 中,x_5 对应的检验数 $\sigma_5 = 2$,从式 (2.21) 中可以看出目标函数 f' 中 x_5 的系数为 -2,所以将 x_5 从非基变量中调出,成为基变量,目标函数还有下降的可能. 经过类似于上面的迭代运算后,得表 2.7.

表 2.7

c_B	x_B	c_j	-3	-4	0	0	0	常 数
		x_j	x_1	x_2	x_3	x_4	x_5	
-3	x_1		1	0	$-1/2$	$1/2$	0	3
0	x_5		0	0	$-3/4$	$1/4$	1	$1/2$
-4	x_2		0	1	$3/4$	$-1/4$	0	$3/2$
检验数 σ_j			0	0	$-3/2$	$-1/2$	0	-15

由表 2.7，我们又得到另一个基可行解：

$$x_1 = 3, \ x_2 = 3/2, \ x_3 = x_4 = 0, \ x_5 = 1/2$$

对应的目标函数值为 -15.

与前面类似，表 2.7 是下述线性规划问题所对应的单纯形表：

$$\min f' = -15 + \frac{3}{2}x_3 + \frac{1}{2}x_4$$

$$\text{s. t. } x_1 \quad -\frac{1}{2}x_3 + \frac{1}{2}x_4 \qquad = 3$$

$$-\frac{3}{4}x_3 + \frac{1}{4}x_4 + x_5 = \frac{1}{2}$$

$$x_2 + \frac{3}{4}x_3 - \frac{1}{4}x_4 \qquad = \frac{3}{2}$$

$$x_j \geqslant 0 \quad (j = 1, 2, \cdots, 5)$$

在此形式中，目标函数 $f' = -15 + \frac{3}{2}x_3 + \frac{1}{2}x_4$，非基变量 x_3，x_4 的系数均为正数. 因此 x_3，x_4 取非零正数只能使目标函数值增大. 所以对应的基可行解已是最优解了. 反映到单纯形表中，就是所有检验数 σ_j 都小于或等于零时，就找到了最优解. 所以对原问题，我们已求得了其最优解：

$$x_1 = 3, \ x_2 = 3/2$$

对应的最优值 $f' = -15$，也即 $\max f = 15$.

可以证明：(1) 如果在单纯形表中，$\sigma_j \leqslant 0 \ (j = 1, 2, \cdots, n)$，则对应的基可行解就是最优解.

(2) 如果单纯形表中，某检验数 $\sigma_j > 0$，而相应的非基变量 x_j 所对应的列中元素 $a_{ij} \ (i = 1, 2, \cdots, m)$ 均小于等于零，则线性规划问题无最优解，或最优解无下界.

单纯形方法的小结

第一步，找出初始可行基，确定初始基可行解，建立初始单纯形表，并计算所有变量的检验数（基变量的检验数恒为0），$\sigma_j = \boldsymbol{c}_B^T \cdot \boldsymbol{P}_j - c_j$.

第二步，检验目前基可行解是否最优. 若 $\sigma_j \leqslant 0 \ (j = 1, 2, \cdots, n)$，目前的基可行解就是最优的，计算结束. 否则，进入第三步.

第三步，确定一非基变量 x_j 和一基变量 x_k，作 x_j 与 x_k 的对换运算，使新的基可行解所对应的目标函数值下降. 一般的规则是，选取具有最大正检验数 σ_j 所对应的非基变量为调入基变量，而调出基变量的确定则遵循极小比值法则来确定某基变量成为非基变量.

第四步，确定了调入变量和调出变量后，则将位于调入变量列与调出变量行交叉处的元素作为接下来迭代运算的主元素，把主元素所在行的所有元素除此主元素，使主元素为1，然后将主元素所在列的所有元素，除主元素外，通过初等行变换运算变为0，再转第二步.

在确定调入基变量时，如遇 $\max\limits_j \{\sigma_j\} = \sigma_k = \sigma_l > 0$，且 $k < l$，则以 x_k 为调入基变量；在确定调出基变量时，如 $\theta = \min\left\{\dfrac{b_i}{a_{ik}} \,\middle|\, a_{ik} > 0, \right.$ $\left. i = 1, 2, \cdots, m\right\} = \dfrac{b_s}{a_{sk}} = \dfrac{b_t}{a_{tk}}$，且 $t > s$，则选 a_{sk} 所在行的基变量调出.

2.4.3 求初始基可行解

单纯形算法有一个重要的要求，就是要求有一个初始基可行解,上节的例子是很容易地就得到了一个初始基可行解. 但在实际问题中,基可行解并不是轻易就能获得的,为此本节专门来讨论初始基可行解.

对于一个标准形式的线性规划问题,如果每一个等式约束不是都具有基变量,则加一个新的变量作为约束等式中的基变量,使所有约束等式都有基变量,从而可以构成初始单纯形表. 这些引入的变量称为人工变量.

例 2.6 求 x,使

$$\min z = -3x_1 + x_2 + x_3$$
$$\text{s. t.} \quad x_1 - 2x_2 + x_3 \leqslant 11$$
$$-4x_1 + x_2 + 2x_3 \geqslant 3$$
$$2x_1 \quad - x_3 = -1$$
$$x_1 \geqslant 0, \ x_2 \geqslant 0, \ x_3 \geqslant 0$$

解 先引入松弛变量 x_4,剩余变量 x_5,将此问题化成标准形式:

$$\min z = -3x_1 + x_2 + x_3$$
$$\text{s. t.} \quad x_1 - 2x_2 + x_3 + x_4 \quad = 11 \quad (2.26)$$
$$-4x_1 + x_2 + 2x_3 \quad - x_5 = 3 \quad (2.27)$$
$$-2x_1 \quad + x_3 \quad = 1 \quad (2.28)$$
$$x_1 \geqslant 0, \ x_2 \geqslant 0, \ x_3 \geqslant 0, \ x_4 \geqslant 0, \ x_5 \geqslant 0$$

在式(2.26)中,松弛变量 x_4 为基变量,但在另外两个等式中没有基变量,因此分别在式(2.27)、(2.28)中引入人工变量 x_6 和 x_7,从而可得"人工方程组":

$$x_1 - 2x_2 + x_3 + x_4 \quad = 11$$
$$-4x_1 + x_2 + 2x_3 \quad - x_5 + x_6 \quad = 3$$
$$-2x_1 \quad + x_3 \quad + x_7 = 1$$
$$x_j \geqslant 0 \quad (j = 1, 2, \cdots, 7)$$

这时我们可获得一个基可行解：$x_1 = x_2 = x_3 = x_5 = 0$, $x_4 = 11$, $x_6 = 3$, $x_7 = 1$. 由于人工变量 x_6, x_7 的值大于零,上述解并不是原问题的可行解,只有当 $x_6 = x_7 = 0$时,它的解才是原问题的可行解. 因此,需要把人工变量的值减小到零. 为达到此目的,通常可采用两种途径:一为大 M 法,一为两阶段法.

1. 大 M 法

对最小化问题,把目标函数中的人工变量的系数给以一个很大的值 M,为使目标函数最小化,人工变量必须从基变量变为非基变量,否则原问题不可能实现最小化.

下面通过一个例子来加以说明,仍以上面的例子(例 2.6)为例. 经大 M 法处理,原问题成为

$$\min z = -3x_1 + x_2 + x_3 + Mx_6 + Mx_7$$
$$\text{s. t.} \quad x_1 - 2x_2 + x_3 + x_4 \qquad\qquad = 11$$
$$-4x_1 + x_2 + 2x_3 \qquad - x_5 + x_6 \qquad = 3$$
$$-2x_1 \qquad + x_3 \qquad\qquad\qquad + x_7 = 1$$
$$x_j \geqslant 0 \quad (j = 1, 2, \cdots, 7)$$

其中 M 是任意大的正数.

从上述标准形式中,可以确定初始单纯形表(表 2.8),基变量为 x_4, x_6, x_7,然后再用单纯形表的方法来求此问题.

表 2.8

c_B	x_B	c_j -3	1	1	0	0	M	M	常数
		x_1	x_2	x_3	x_4	x_5	x_6	x_7	
0	x_4	1	-2	1	1	0	0	0	11
M	x_6	-4	1	2	0	-1	1	0	3
M	x_7	-2	0	$\boxed{1}$	0	0	0	1	1
检验数 σ_j		$3-6M$	$M-1$	$3M-1$	0	$-M$	0	0	$4M$

续 表

c_B	x_B	c_j	-3	1	1	0	0	M	M	常数
		x_j	x_1	x_2	x_3	x_4	x_5	x_6	x_7	
0	x_4		3	-2	0	1	0	0	-1	10
M	x_6		0	$\boxed{1}$	0	0	-1	1	-2	1
1	x_3		-2	0	1	0	0	0	1	1
检验数 σ_j			1	$M-1$	0	0	$-M$	0	$1-3M$	$1+M$
0	x_4		$\boxed{3}$	0	0	1	-2	2	-5	12
1	x_2		0	1	0	0	-1	1	-2	1
1	x_3		-2	0	1	0	0	0	1	1
检验数 σ_j			1	0	0	0	-1	$1-M$	$-1-M$	2

至此,人工变量 x_6, x_7 已成为非基变量,其值为 0,我们就找到了一个原问题的基可行解: $x_1 = 0$, $x_2 = 1$, $x_3 = 1$, $x_4 = 12$, $x_5 = 0$. 但在表 2.8 中,检验数行仍有大于零的数,说明还未求得最优解,于是继续进行单纯形计算. 此时,可将最后的表中的 x_6, x_7 列删除,构成新的单纯形表(表 2.9).

表 2.9

c_B	x_B	c_j	-3	1	1	0	0	常数
		x_j	x_1	x_2	x_3	x_4	x_5	
0	x_4		$\boxed{3}$	0	0	1	-2	12
1	x_2		0	1	0	0	-1	1
1	x_3		-2	0	1	0	0	1
检验数 σ_j			1	0	0	0	-1	2
-3	x_1		1	0	0	1/3	$-2/3$	4
1	x_2		0	1	0	0	-1	1
1	x_3		0	0	1	2/3	$-4/3$	9
检验数 σ_j			0	0	0	$-1/3$	$-1/3$	-2

所以原问题的最优解为：$x_1 = 4$，$x_2 = 1$，$x_3 = 9$，$x_4 = x_5 = x_6 = x_7 = 0$，$\min z = -2$.

2. 两阶段法

利用计算机求解含人工变量的线性规划时，只能用很大的数代替 M，这有可能造成计算上的误差，故在用计算机算线性规划问题时，常常采用两阶段方法.

第一阶段 不考虑原问题是否存在基可行解，给原问题加入人工变量，并将引入的人工变量相加，构成一个新的线性规划问题. 我们结合上面的例子来介绍两阶段方法.

首先构造一个新的线性规划问题：

$$\min w = x_6 + x_7$$

$$\text{s. t.} \quad x_1 - 2x_2 + x_3 + x_4 \qquad\qquad = 11$$
$$-4x_1 + x_2 + 2x_3 \qquad - x_5 + x_6 \qquad = 3$$
$$-2x_1 \qquad + x_3 \qquad\qquad\qquad + x_7 = 1$$
$$x_j \geqslant 0 \quad (j = 1, 2, \cdots, 7)$$

在此模型中，x_4，x_6，x_7 为基变量，构成初始单纯形表（表 2.10）.

表 2.10

c_B	x_B	c_j 0 x_1	0 x_2	0 x_3	0 x_4	0 x_5	1 x_6	1 x_7	常数
0	x_4	1	-2	1	1	0	0	0	11
1	x_6	-4	1	2	0	-1	1	0	3
1	x_7	-2	0	[1]	0	0	0	1	1
检验数 σ_j		-6	1	3	0	-1	0	0	4
0	x_4	3	-2	0	1	0	0	-1	10
1	x_6	0	[1]	0	0	-1	1	-2	1
0	x_3	-2	0	1	0	0	0	1	1
检验数 σ_j		0	1	0	0	-1	0	-3	1

c_B	x_B	c_j	0	0	0	0	0	1	1	常数
		x_j	x_1	x_2	x_3	x_4	x_5	x_6	x_7	
0	x_4		3	0	0	1	-2	2	-5	12
0	x_2		0	1	0	0	-1	1	-2	1
0	x_3		-2	0	1	0	0	0	1	1
检验数 σ_j			0	0	0	0	0	-1	-1	0

这样我们就求得了第一阶段的最优解，$x_1 = 0$，$x_2 = x_3 = 1$，$x_4 = 12$，$x_5 = x_6 = x_7 = 0$，$\min w = 0$. 人工变量 x_6，x_7 从基变量变为非基变量，这样我们就找到了原问题一个基可行解，可进入第二阶段运算.

注 2.1　如第一阶段的最优解中仍包含人工变量，即 $\min w > 0$，则原问题没有最优解.

第二阶段　在第一阶段求得最优解的单纯形表上，划去含人工变量列(本例划去 x_6，x_7 两列)，同时将目标函数行换成原问题的目标函数：$z = -3x_1 + x_2 + x_3$，相应地计算各变量的检验数 σ_j，这样就可以建立第二阶段的单纯形表(表 2.11).

表 2.11

c_B	x_B	c_j	-3	1	1	0	0	常数
		x_j	x_1	x_2	x_3	x_4	x_5	
0	x_4		[3]	0	0	1	-2	12
1	x_2		0	1	0	0	-1	1
1	x_3		-2	0	1	0	0	1
检验数 σ_j			1	0	0	0	-1	2

c_j		-3	1	1	0	0	常数
c_B	x_B	x_1	x_2	x_3	x_4	x_5	
-3	x_1	1	0	0	$1/3$	$-2/3$	4
1	x_2	0	1	0	0	-1	1
1	x_3	0	0	1	$2/3$	$-4/3$	9
检验数 σ_j		0	0	0	$-1/3$	$-1/3$	-2

表 2.11 中 $\sigma_j \leqslant 0$（$j = 1, 2, \cdots, 5$），说明已求得了原问题的最优解，同时也求得了原问题的最优值：

$$x_1 = 4,\ x_2 = 1,\ x_3 = 9,\ x_4 = x_5 = 0,\ \min z = -2$$

2.5　线性规划的对偶性

对应于每一个线性规划，有一个对偶线性规划. 这个对偶线性规划的对偶，就是原来的线性规划（原线性规划）. 因此，线性规划以原/对偶形式成对地出现. 可以证明，一个线性规划的任一个可行解，是另一个（对偶）线性规划的最优解的上（下）界. 这个结论是非常重要的，从而构成对偶理论的研究对象.

2.5.1　von Neumann 对称形式

有多种方式定义一个线性规划（原）问题的对偶问题，我们采用 von Neumann 对称形式. 给定一个线性规划（原问题）：

$$\min z = \boldsymbol{c}^{\mathrm{T}} \boldsymbol{x}$$
$$(\mathrm{P}) \quad \text{s. t.} \ \boldsymbol{A}\boldsymbol{x} \geqslant \boldsymbol{b} \qquad (2.29)$$
$$\boldsymbol{x} \geqslant \boldsymbol{0}$$

von Neumann 定义它的对偶问题为

$$\max v = \boldsymbol{b}^{\mathrm{T}} \boldsymbol{y}$$
$$(\mathrm{D}) \quad \text{s. t.} \ \boldsymbol{A}^{\mathrm{T}} \boldsymbol{y} \leqslant \boldsymbol{c} \qquad\qquad (2.30)$$
$$\boldsymbol{y} \geqslant \boldsymbol{0}$$

大家可以看到,原问题的最小化对应于对偶问题的最大化,原问题的成本向量 $\boldsymbol{c}$ 对应于对偶问题的右端项,原问题的右端项对应于对偶问题的"成本向量",等等. 我们将介绍对偶对应规则,大家可以由一个线性规划(原)问题求出它的对偶问题.

首先我们可以证明下面的命题,它给出线性规划(原)问题和它的对偶问题之间的关系.

命题 2.1 对偶问题的对偶是原问题.

证明 把(D)改写为等价的(D′),它的对偶问题(P′)为

$$-\min v = (-\boldsymbol{b})^{\mathrm{T}} \boldsymbol{y} \qquad\qquad -\max z = (-\boldsymbol{c})^{\mathrm{T}} \boldsymbol{x}$$
$$(\mathrm{D}') \quad \text{s. t.} \quad -\boldsymbol{A}^{\mathrm{T}} \boldsymbol{y} \geqslant -\boldsymbol{c} \qquad (\mathrm{P}') \quad \text{s. t.} \quad (-\boldsymbol{A}^{\mathrm{T}})^{\mathrm{T}} \boldsymbol{x} \leqslant -\boldsymbol{b}$$
$$\boldsymbol{y} \geqslant \boldsymbol{0} \qquad\qquad\qquad \boldsymbol{x} \geqslant \boldsymbol{0}$$

再进一步改写为等价的(P″)和(P)

$$\min \boldsymbol{c}^{\mathrm{T}} \boldsymbol{x} \qquad\qquad \min \boldsymbol{c}^{\mathrm{T}} \boldsymbol{x}$$
$$(\mathrm{P}'') \quad \text{s. t.} -\boldsymbol{A}\boldsymbol{x} \leqslant -\boldsymbol{b} \qquad (\mathrm{P}) \quad \text{s. t.} \ \boldsymbol{A}\boldsymbol{x} \geqslant \boldsymbol{b}$$
$$\boldsymbol{x} \geqslant \boldsymbol{0} \qquad\qquad\qquad \boldsymbol{x} \geqslant \boldsymbol{0}$$

2.5.2 对偶对应规则

对于一个任意形式的线性规划,总可以把它改写为(2.29)形式,然后写出它的对偶规划. 然而,我们也可以用下面的规则找出它的对偶(如表 2.12 所示).

表 2.12

原 问 题	对 偶 问 题
(1) min	(1) max
(2) 目标函数的系数 原问题的右端	(2) 对偶问题的右端 目标函数的系数
(3) 系数矩阵	(3) 系数矩阵的转置
(4) 原约束关系 第 i 个关系:$\geqslant$ 第 i 个关系:$\leqslant$ 第 i 个关系:$=$	(4) 对偶变量 第 i 个变量:$\geqslant 0$ 第 i 个变量:$\leqslant 0$ 第 i 个变量:无限制
(5) 原变量 第 j 个变量:$\geqslant 0$ 第 j 个变量:$\leqslant 0$ 第 j 个变量:无限制	(5) 对偶约束关系 第 j 个关系:$\leqslant$ 第 j 个关系:$\geqslant$ 第 j 个关系:$=$

值得注意的是原约束关系和对偶变量约束不是对称的,要根据原问题是最大或最小来定. 现在给出两个例子.

例 2.7 找出下列问题的对偶:

$$\min z = x_1 + 2x_2 + 3x_3$$
$$\text{s. t. } x_1 - 3x_2 + 4x_3 = 5$$
$$x_1 - 2x_2 \qquad \geqslant 3$$
$$2x_2 - x_3 \leqslant 4$$
$$x_1 \geqslant 0,\ x_2 \leqslant 0,\ x_3 \text{ 无限制}$$

解 由对偶对应规则可知,其对偶为

$$\max v = 5y_1 + 3y_2 + 4y_3$$
$$\text{s. t. } \quad y_1 + y_2 \qquad \leqslant 1$$
$$-3y_1 - 2y_2 + 2y_3 \geqslant 2$$
$$4y_1 \qquad - y_3 = 3$$

$$y_1 \text{ 无限制}, y_2 \geqslant 0, y_3 \leqslant 0$$

例 2.8 对于线性规划的标准形式:

$$
\begin{aligned}
\min z &= \boldsymbol{c}^{\mathrm{T}} \boldsymbol{x} \\
\text{s. t.} \; \boldsymbol{A} \boldsymbol{x} &= \boldsymbol{b} \\
\boldsymbol{x} &\geqslant \boldsymbol{0}
\end{aligned}
\tag{2.31}
$$

其对偶为

$$
\begin{aligned}
\max v &= \boldsymbol{b}^{\mathrm{T}} \boldsymbol{y} \\
\text{s. t.} \; \boldsymbol{A}^{\mathrm{T}} \boldsymbol{y} &\leqslant \boldsymbol{c} \\
y_i \text{ 无限制}
\end{aligned}
\tag{2.32}
$$

2.5.3 例题:原-对偶和可行-不可行关系

线性规划(原)问题的可行性、最优性和有界性与对偶问题的可行性、最优性和有界性有密切的关系. 我们在下一节中会作详细讨论. 在此前,我们先给出一些例子.

例 2.9(原问题有可行解,对偶问题有可行解)

$$
\begin{array}{ll}
& \min z = x_1 \qquad\qquad\qquad \max v = 5y_1 \\
(\text{P}) \quad \text{s. t.} \; x_1 = 5 \qquad (\text{D}) \quad \text{s. t.} \; y_1 \leqslant 1 \\
& \qquad\quad x_1 \geqslant 0 \qquad\qquad\qquad\;\; y_1 \text{ 无限制}
\end{array}
$$

例 2.10(原问题有可行解,对偶问题无可行解)

$$
\begin{array}{ll}
& \min z = -x_1 - x_2 \qquad\qquad\quad \max v = 5y_1 \\
(\text{P}) \quad \text{s. t.} \; x_1 - x_2 = 5 \qquad (\text{D}) \quad \text{s. t.} \;\; y_1 \leqslant -1 \\
& \qquad\quad x_1 \geqslant 0, \; x_2 \geqslant 0 \qquad\qquad\quad\;\; -y_1 \leqslant -1
\end{array}
$$

例 2.11(原问题无可行解,对偶问题有可行解)

$$
\begin{array}{ll}
& \min z = x_1 \qquad\qquad\qquad \max v = -5y_1 \\
(\text{P}) \quad \text{s. t.} \; x_1 = -5 \qquad (\text{D}) \quad \text{s. t.} \; y_1 \leqslant 1 \\
& \qquad\quad x_1 \geqslant 0
\end{array}
$$

例 2.12(原问题和对偶问题均无可行解)

$$\text{(P)} \quad \begin{aligned} &\min z = -x_1 - x_2 \\ &\text{s. t. } x_1 - x_2 = 5 \\ &\qquad x_1 - x_2 = -5 \\ &\qquad x_1 \geqslant 0, \ x_2 \geqslant 0 \end{aligned} \qquad \text{(D)} \quad \begin{aligned} &\max v = 5y_1 - 5y_2 \\ &\text{s. t. } \quad y_1 + y_2 \leqslant -1 \\ &\qquad -y_1 - y_2 \leqslant -1 \end{aligned}$$

2.6 对 偶 原 理

对偶原理是讨论原问题目标函数值 z 的范围和对偶问题目标函数值 v 的范围及其间的关系. 我们只限于讨论 von Neumann 对称对偶形式(2.29)和(2.30).

2.6.1 弱对偶定理

命题 2.2(弱对偶定理) 设 x 是原问题(2.29)的可行解, y 是对偶问题(2.30)的可行解,则

$$z = \boldsymbol{c}^{\mathrm{T}} \boldsymbol{x} \geqslant v = \boldsymbol{y}^{\mathrm{T}} \boldsymbol{b} \qquad (2.33)$$

证明 由于 $\boldsymbol{A}^{\mathrm{T}} \boldsymbol{y} \leqslant \boldsymbol{c}, \ \boldsymbol{A} \boldsymbol{x} \geqslant \boldsymbol{b}$ 及 $\boldsymbol{x} \geqslant \boldsymbol{0}$,我们有

$$z = \boldsymbol{c}^{\mathrm{T}} \boldsymbol{x} \geqslant (\boldsymbol{A}^{\mathrm{T}} \boldsymbol{y})^{\mathrm{T}} \boldsymbol{x} = \boldsymbol{y}^{\mathrm{T}} \boldsymbol{A} \boldsymbol{x} \geqslant \boldsymbol{y}^{\mathrm{T}} \boldsymbol{b}$$

例 2.13 考虑下列原问题和对偶问题:

$$\text{(P)} \quad \begin{aligned} &\min z = 5x_1 + 3x_2 \\ &\text{s. t. } \ x_1 + \ x_2 \geqslant -2 \\ &\qquad 2x_1 + 4x_2 \geqslant -2 \\ &\qquad x_1 \geqslant 0, \ x_2 \geqslant 0 \end{aligned} \qquad \text{(D)} \quad \begin{aligned} &\max v = -2y_1 - 2y_2 \\ &\text{s. t. } 3y_1 + 2y_2 \leqslant 5 \\ &\qquad 3y_1 + 4y_2 \leqslant 3 \\ &\qquad y_1, \ y_2 \geqslant 0 \end{aligned}$$

容易看出,$(x_1, x_2) = (1, 1)$ 是(P)的一个可行解, $z = 8$, 它是(D)的上界. $(y_1, y_2) = (0.1, 0.1)$ 是(D)的一个可行解, $v = -0.4$,

它是(P)的下界. 也就是说,虽然我们不知道它们的解,但知道它们的界.

命题 2.3(最优性) 设 $\bar{x}$ 是原问题(2.29)的可行解, $\bar{y}$ 是对偶问题(2.30)的可行解. 如果 $c^T\bar{x} = \bar{y}^T b$, 则 $\bar{x}$ 是原问题的最优解, $\bar{y}$ 是对偶问题的最优解.

证明 对于任一个对偶可行解 y, 由弱对偶定理

$$c^T\bar{x} \geqslant y^T b \quad \text{或} \quad c^T\bar{x} \geqslant \max y^T b$$

因为 $\bar{y}$ 是对偶问题的可行解, 并且 $c^T\bar{x} = \bar{y}^T b$, 则 $\bar{y}$ 必须是对偶问题的最优解. 类似地, 因为 $\bar{y}$ 是对偶问题的可行解,

$$\bar{y}^T b \leqslant c^T x \quad \text{或} \quad \bar{y}^T b \leqslant \min c^T x$$

$\bar{x}$ 必须是原问题的最优解.

在例 2.13 中, $x_1 = 0$, $x_2 = 0$, $z_0 = 0$ 是原问题的可行解, $y_1 = 0$, $y_2 = 0$, $v_0 = 0$ 是对偶问题的可行解. 因为 $z_0 = v_0$, 所以它们是对应问题的最优解.

2.6.2 无界性与不可行性

命题 2.4 (1) 如果原问题(2.29)是无界的, 则对偶问题(2.30)无可行解;

(2) 如果对偶问题(2.30)是无界的, 则原问题(2.29)无可行解.

证明 (1) 设原问题(2.29)是无界的, 但对偶问题有可行解 $\bar{y}$, 则由弱对偶定理, 对于任意原问题的可行解 x,

$$c^T x \geqslant \bar{y}^T b \quad \text{或} \quad c^T x \geqslant \max \bar{y}^T b$$

原问题有下界, 从而导致矛盾. 类似地可以证明(2).

基于上述讨论, 线性规划的原问题和对偶问题的解, 只有四种可能, 如表 2.13 所示.

表 2.13

对偶问题\n原问题	有最优解	无可行解	无　界
有最优解	√	×	×
无可行解	×	√	√
无　界	×	√	×

注 2.2　例 2.12 说明,原问题和对偶问题可能同时无可行解.

2.6.3　强对偶定理

定理 2.5(强对偶定理)　如果原问题(2.29)有可行解,对偶问题(2.30)有可行解,则原问题有最优可行解 x^*,对偶问题最优可行解 y^*,并且其最优值相等: $b^{\mathrm{T}} y^* = c^{\mathrm{T}} x^*$.

von Neumann 提出了这个定理,但没有给出证明. 后来有各种方式的证明. 在这里,我们也不打算给出证明,有兴趣的读者可参见有关文献.

2.6.4　影子价格

考虑线性规划原问题标准形式

$$\min z = c^{\mathrm{T}} x$$
$$\text{s. t. } Ax = b \tag{2.34}$$
$$x \geqslant 0$$

其中 x 是 n 维向量, A 是 $m \times n$ 矩阵. 它的对偶为

$$\max v = b^{\mathrm{T}} \pi$$
$$\text{s. t. } A^{\mathrm{T}} \pi \leqslant c \tag{2.35}$$

其中我们用 π 来表示对偶变量是为了强调它的经济意义.

假设 $\boldsymbol{x}^* = (\boldsymbol{x}_B^*, \boldsymbol{x}_N^*)$ 是原问题的最优解, $\boldsymbol{\pi}^*$ 是对偶问题的最优解,则其最优值为 $z^* = \boldsymbol{c}^T \boldsymbol{x}^* = \boldsymbol{c}_B^T \boldsymbol{x}_B^*$. 由强对偶定理,它们的最优值为 $z^* = v^* = \boldsymbol{b}^T \boldsymbol{\pi}^*$.

定义 2.1　第 i 个约束的价格,或边缘值,或影子价格是当 b_i 变化时目标函数的变化率:

$$\frac{\partial z}{\partial b_i} = \pi_i^* \tag{2.36}$$

由上面的定义可知, π_i^* 可以解释为价格. Paul Samuelson 称它为影子价格.

注 2.3　如果基解是退化的,则最优值是右端项 b_i 的分段线性函数,我们可以考虑单边导数.

例 2.14　考虑下列线性规划问题:

$$\min z = -x_1 - 2x_2 - 3x_3 + x_4$$
$$\text{s. t. } x_1 \qquad\quad + 2x_4 = 6$$
$$\qquad x_2 \quad + 2x_4 = 2$$
$$\qquad\quad x_3 - \quad x_4 = 1$$
$$x_1, x_2, x_3, x_4 \geqslant 0$$

对应于最优基(第 1, 2, 3 列)的影子价格是

$$\pi_1 = -1, \pi_2 = -2, \pi_3 = -3$$

容易验证,其最优基解为 $x_1 = 6$, $x_2 = 2$, $x_3 = 1$, $x_4 = 0$, $z = -13$. 因为

$$z = b_1 \pi_1 + b_2 \pi_2 + b_3 \pi_3, \quad \boldsymbol{b}^T = (6, 2, 1)$$

从而得出

$$\frac{\partial z}{\partial b_1} = \pi_1 = -1, \frac{\partial z}{\partial b_2} = \pi_2 = -2, \frac{\partial z}{\partial b_3} = \pi_3 = -3$$

2.6.5 原/对偶问题的经济解释

有一个制造商,他用 m 种原材料制造出 n 种产品.制造一个单位的产品 j $(j = 1, 2, \cdots, n)$ 用掉 a_{ij} 个单位的原材料 i $(i = 1, 2, \cdots, m)$.产品 j 的单价为 c_j.制造商已有 b_i 个单位的第 i 种原材料.引进决策变量 x_i $(i = 1, 2, \cdots, n)$ 后,我们得下列最大化问题:

$$\max \boldsymbol{c}^{\mathrm{T}} \boldsymbol{x}$$
$$\text{s. t. } \boldsymbol{A}\boldsymbol{x} \leqslant \boldsymbol{b} \qquad\qquad (2.37)$$
$$\boldsymbol{x} \geqslant \boldsymbol{0}$$

这个最大化问题引导制造商去制订最优生产计划,以便用有限的资源获得最大的收益.

现在假设制造商是从供应商处得到原材料.制造商想与供应商协商原材料 i 的单价 y_i.制造商的目标为以总购价 $\boldsymbol{b}^{\mathrm{T}} \boldsymbol{y}$ 最小来获得资源 b_i $(i = 1, 2, \cdots, m)$.由于产品 j 的单价为 c_j 和产品-原材料转换率 a_{ij} 是市场的开放信息,供应商希望从制造商得到更多:

$$a_{1j}y_1 + a_{2j}y_2 + \cdots + a_{mj}y_m \geqslant c_j$$

我们得下列最小化问题:

$$\min \boldsymbol{b}^{\mathrm{T}} \boldsymbol{y}$$
$$\text{s. t. } \boldsymbol{A}^{\mathrm{T}} \boldsymbol{y} \geqslant \boldsymbol{c} \qquad\qquad (2.38)$$
$$\boldsymbol{y} \geqslant \boldsymbol{0}$$

这就是原/对偶问题的经济解释.我们可以把(2.37)当作原问题,把(2.38)当作对偶问题,也可以把(2.38)当作原问题,把(2.37)当作对偶问题.

2.7 运 输 问 题

2.7.1 运输问题的数学模型

运输问题可描述为:有一种特定(或几种)货物(或产品)要从 m

个源点(或产地)运到 n 个目的点(目的地). 其中第 i 个源点货物供应量为 a_i 个单位 $(i = 1, 2, \cdots, m)$,第 j 个目的点需要量为 b_j 个单位 $(j = 1, 2, \cdots, n)$,且有 $a_i, b_j > 0$. 从 i 点运往 j 点的单位运输成本为 c_{ij}. 问题为如何确定从源点运至目的点的运输方案,使总运输成本为最小?

例 2.15 某电力公司有 3 个发电站,供应 4 个城市的电力需要. 其供应量、需求量和输送价格如表 2.14 所示.

表 2.14

城市 \ 发电站	1	2	3	4	供应量
1	8	6	10	9	35
2	9	12	13	7	50
3	14	9	16	5	40
需求量	45	20	30	30	125

下面让我们来建立其数学模型:

令决策变量 $x_{ij}(i = 1, 2, 3; j = 1, 2, 3, 4)$ 表示从发电站 i 输送到城市 j 的单元数.

目标函数 电力公司希望输送成本最低:

$$\min 8x_{11} + 6x_{12} + 10x_{13} + 9x_{14} + 9x_{21} + 12x_{22} + 13x_{23} + 7x_{24} + 14x_{31} + 9x_{32} + 16x_{33} + 5x_{34}$$

约束 (1) 供应量的限制:

$$x_{11} + x_{12} + x_{13} + x_{14} = 35$$
$$x_{21} + x_{22} + x_{23} + x_{24} = 50$$
$$x_{31} + x_{32} + x_{33} + x_{34} = 40$$

(2) 需求量约束:

$$x_{11} + x_{21} + x_{31} = 45$$

$$x_{12} + x_{22} + x_{32} = 20$$
$$x_{13} + x_{23} + x_{33} = 30$$
$$x_{14} + x_{24} + x_{34} = 30$$

(3) 所有的 x_{ij} 必需是非负的,我们还需添加非负约束 $x_{ij} \geqslant 0$ $(i = 1, 2, 3; j = 1, 2, 3, 4)$.

一般地,令 x_{ij} 为沿路线 (i, j) 从源点 i 运至目的点 j 的运输量,并假定总运输量等于总供应量,即

$$\sum_{i=1}^{m} a_i = \sum_{j=1}^{n} b_j$$

如果这个条件不满足,即总供应量超过总需求量,或者总需求量超过总供应量,这种问题称为非平衡的运输问题. 非平衡运输问题可以转化为平衡运输问题来解. 例如总供应量超过总需求量时,可设置一个虚拟的目的点(存储点),其需求量为 $b_{n+1} = \sum_{i=1}^{m} a_i - \sum_{j=1}^{n} b_j$ 且 $c_{i, n+1} = 0$ $(i = 1, 2, \cdots, m)$,因此取一般式,在总供应量等于总需求量时,平衡运输问题的线性规划模型可写为

$$\min \sum_{i=1}^{m} \sum_{j=1}^{n} c_{ij} x_{ij}$$
$$\text{s. t.} \sum_{j=1}^{n} x_{ij} = a_i \quad (i = 1, 2, \cdots, m)$$
$$\sum_{i=1}^{m} x_{ij} = b_j \quad (j = 1, 2, \cdots, n) \tag{2.39}$$
$$x_{ij} \geqslant 0 \quad (i = 1, 2, \cdots, m; j = 1, 2, \cdots, n)$$

我们考虑上述问题的对偶. 令对偶变量为 u_i(对应于行约束)和 v_j(对应于列约束),运输问题的对偶问题为

$$\max \sum_{i=1}^{n} a_i u_i + \sum_{j=1}^{m} b_j v_j$$
$$\text{s. t.} \ u_i + v_j \leqslant c_{ij}, \ \forall (i, j) \tag{2.40}$$

式中 u_i 和 v_j 可正可负. 由 $x_{ij} \geqslant 0$ 得出对偶约束 $u_i + v_j \leqslant c_{ij}$. 于是对偶约束松弛变量为

$$y_{ij} = c_{ij} - u_i - v_j, \quad y_{ij} \geqslant 0$$

由余松弛性,我们有,或是 $x_{ij} = 0$,或是 $y_{ij} = 0$. 如果 x_{ij} 为基变量,则 $y_{ij} = 0$,或

$$c_{ij} = u_i + v_j$$

有些实际问题,表面上看不是运输问题,但可以化为运输问题求解.

例 2.16 某企业和用户签订了设备交货合同,已知该企业各季度的生产能力、每台设备的生产成本和每季度末的交货量(见表 2.15). 若生产出来的设备当季度不交货,每台设备每季度需支付保管维修费 0.1 万元,试问:在遵守合同的条件下,企业应该如何安排生产计划,才能使年消费费用最低?

表 2.15

季度	工厂生产能力/台	交货量/台	每台设备生产成本/万元
1	50	30	24.0
2	70	40	22.0
3	60	50	23.0
4	40	70	25.0

解 用 $x_{ij}(i, j = 1, 2, 3, 4)$ 表示第 i 季度生产第 j 季度交货的设备台数,由于生产能力的限制,需满足以下条件:

$$\begin{cases} x_{11} + x_{12} + x_{13} + x_{14} = 50 \\ x_{22} + x_{23} + x_{24} = 70 \\ x_{33} + x_{34} = 60 \\ x_{44} = 40 \end{cases}$$

根据合同规定,需满足

$$\begin{cases} x_{11} & = 30 \\ x_{12} + x_{22} & = 40 \\ x_{13} + x_{23} + x_{33} & = 50 \\ x_{14} + x_{24} + x_{34} + x_{44} & = 70 \end{cases}$$

第 i 季度生产第 j 季度交货的每台设备所消耗的费用 c_{ij},应等于生产成本加上保管维修费用之和,其值如表 2.16 所示.

表 2.16

	交货季 1	交货季 2	交货季 3	交货季 4
生产季 1	24	24.1	24.2	24.3
生产季 2		22.0	22.1	22.2
生产季 3			23.0	23.1
生产季 4				25.0

2.7.2 运输问题数学模型的特点

1. 运输问题有有限最优解

由于在总供应等于总需求的条件下,即 $d = \sum_{i=1}^{m} a_i = \sum_{j=1}^{n} b_j$,显然解 $x_{ij} = \dfrac{a_i b_j}{d}$ $(i = 1, 2, \cdots, m; j = 1, 2, \cdots, n)$ 就构成了一组可行解,且可行向量 $\boldsymbol{x}$ 的每一个分量 x_{ij} 都是有界的,即 $0 \leqslant x_{ij} \leqslant \min\{a_i, b_j\}$,因此运输问题必有有限最优解存在.

2. 运输问题约束条件的系数矩阵

将(2.39)的结构约束加以整理,可以知道系数矩阵列向量的结构是: $\boldsymbol{A}_{ij} = (0, \cdots, 0, 1, 0, \cdots, 0, 1, 0, \cdots, 0)^{\mathrm{T}}$,其中第 i 个和第 $m+j$ 个分量为 1 以外,其他分量都为 0.

由此可知,运输问题具有下述特点:

(1) 约束条件系数矩阵的元素等于 0 或者 1;

(2) 约束条件系数矩阵的每一列有两个非零元素,这对应于每一个变量在前 m 个约束方程中出现一次,在后 n 个约束方程中也出现一次.

对产销平衡运输问题,除上述两个特点以外,还有以下特点:

(1) 所有结构约束条件都是等式约束;

(2) 各产地产量之和等于各销地销量之和.

3. 运输问题的解

运输问题的解,代表着一个运输方案,其中每一个变量 x_{ij} 的值表示由产地 A_i 调运数量为 x_{ij} 的物品给销地 B_j. 我们可用迭代法进行求解,即先找出它的一个基可行解,然后再进行解的最优性检验,若它不是最优解,就进行迭代调整,以得到一个新的更好的解,继续调整和改进,直至得到最优解为止.

这样求解运输问题,要求每步得到的解都必须是基可行解,这意味着:① 解必须满足模型中的所有约束条件;② 基变量对应的约束方程组的系数列向量线性无关;③ 解中非零变量 x_{ij} 的个数不能大于 $(m+n-1)$ 个,原因是运输问题中虽有 $(m+n)$ 个结构约束条件,但由于总产量等于总销量,故只有 $(m+n-1)$ 个结构约束条件是独立的;④ 为使迭代顺利进行,基变量的个数在迭代过程中保持为 $m+n-1$ 个.

2.7.3　用于运输问题的单纯形方法(表格形式)

运输问题是最早论述和应用的重要的线性规划问题之一. 这个问题一般都很大,但由于它的约束方程的系数矩阵具有特殊结构,因而可以找到比一般形式的单纯形方法更简便而有效的方法求解. 我们称这种方法为运输问题的单纯形方法.

为了清楚单纯形方法所做的改进,先用一般的单纯形方法来解运输问题,一旦给出了供应 s_i、需求 d_j 和运输价格 c_{ij},则运输问题就完全确定了.因此,运输表给出如表 2.17 所示.

表 2.17

c_{11}	c_{12}	$\cdots$	c_{1n}	
				s_1
c_{21}	c_{22}	$\cdots$	c_{2n}	
				s_2
$\vdots$	$\vdots$		$\vdots$	
c_{m1}	c_{m2}	$\cdots$	c_{mn}	
				s_m
d_1	d_2	$\cdots$	d_n	

对应于运输表中的第 i 行第 j 列的单元格中的是变量 x_{ij},如果 x_{ij} 是基变量,则填写它的值于其中.例如,例 2.15 的电力配送问题,其运输表如表 2.18 所示.

其中表中方格子的右上角的数字表示电力公司供应城市电力的输送价格.表中第四行表示需求量,第五列表示供应量.而 $x_{12}=10$,$x_{13}=25$,$x_{21}=45$,$x_{23}=5$,$x_{32}=10$,$x_{34}=30$ 是基变量.

运输单纯形方法步骤如下:

第一步,求初始基可行解.通过下面将要介绍的方法来创建一个初始的基可行解.

表 2.18

8	6	10	9	
10	25			35
9	12	13	7	
45		5		50
14	9	16	5	
	10		30	40
45	20	30	30	

第二步,最优性检验. 用 u_i 表示第 i 行方程的乘子,用 v_j 表示第 j 列方程的乘子. 对于每个基变量 x_{ij} 的下标 (i, j),我们有 $c_{ij} = u_i + v_j$,如果对于每个非基变量 x_{ij} 的下标 (i, j) 都有 $c_{ij} - u_i - v_j \geqslant 0$,则此时的解是最优解,停止计算,否则进行下面的迭代.

第三步,迭代过程.

(1) 确定换入基变量:选择 $c_{ij} - u_i - v_j$ 的值为负且绝对值最大所对应的非基变量 x_{ij}.

(2) 确定换出基变量:在满足供需约束的条件下,从换入基变量为 0 开始不断增加其值,这将引起其他基变量值的一系列变化,其他基变量中首先减小到 0 的变量将作为换出基变量. 最后值增加的单元格称为接收单元格,值减少的单元格称为施与单元格.

(3) 确定新的基可行解:为每一个接收单元格加上换出变量等值的配额,为每一个施与单元格减去相应的配额.

1. 求初始基可行解

建立初始基可行解的一般程序:

(i) 从需要考虑的行和列中根据特定法则选择下一个基变量

(配额).

(ii) 保证下一个配额的大小恰好能够满足用完行中剩下的供应量或列中剩下的需求量(比较小的那个). 令 $x_{pq} = \min\{a_p, b_q\}$.

(iii) 如果 $a_p < b_q$, 则令 p 行中其余变量为 0(非基变量), 删去第 p 行. 第 q 列中 b_q 之值缩减为 $(b_q - a_p)$. 如果 $a_p > b_q$, 则令 q 列中其余变量为 0(非基变量), 删去第 q 列. 第 p 行中 a_p 之值缩减为 $(a_p - b_q)$.

(iv) 当需要考虑的行或列只剩下一个时, 则在该行和该列中任意选择一个基变量作为剩余变量(即既没有被选作基变量也不隶属于删掉的行或列中的变量), 且过程结束, 否则, 转步骤(i).

下面我们用电力配送的例子来介绍求初始基可行解的四种方法.

(1) 西北角法. 首先选择 x_{11}(也就是从运输单纯形表中的西北角开始). 然后如果 x_{ij} 是最后一个被选择的基变量, 如果产地 i 的供给有剩余的话, 选择 $x_{i,j+1}$(也就是向右移动一列), 否则, 选择 $x_{i+1,j}$(也就是向下移动一行). 例如, 在电力配送的例子中, 我们首先选择 $x_{11} = 35 = \min\{35, 45\}$. 然后删除第 1 行, 选余下表格的西

表 2.19

35	8	6	10	9
				35
10	9	12	13	7
	20	20		50
	14	9	16	5
			10	30	40
45	20	30	30	

北角 $x_{21} = \min\{50, 45-35\} = 10$. 然后删除第1列,选余下表格的西北角 $x_{22} = \min\{50-10, 20\} = 20$. 然后再删除第2列,选余下表格的西北角 $x_{23} = \min\{50-10-20, 30\} = 20$. 再删除第2行,选余下表格的西北角 $x_{33} = \min\{40, 30-20\} = 10$. 最后再删除第3列,选余下表格的西北角 $x_{34} = \min\{40-10, 30\} = 30$,即得表2.19.

(2) 最小价格法. 首先找出单位运输价格最小的所对应的变量 x_{ij},配给 x_{ij} 最大可能的值 $\min\{s_i, d_j\}$. 如同西北角法那样,逐步根据最小价格的原则选定其余的值. 例如,在电力配送的例子中,$c_{34} = 5$ 价格最小,我们选 $x_{34} = \min\{40, 30\} = 30$,删除第4列后 $c_{12} = 6$ 价格最小,我们选 $x_{12} = \min\{35, 20\} = 20$. 删除第2列后 $c_{11} = 8$ 价格最小,我们选 $x_{11} = \min\{35-20, 45\} = 15$. 删除第1行后 $c_{21} = 9$ 价格最小,我们选 $x_{21} = \min\{30, 50\} = 30$. 删除第1列后 $c_{23} = 13$ 价格最小,我们选 $x_{23} = \min\{50-30, 30\} = 20$. 删除第2行后余下 $c_{33} = 16$,我们选 $x_{33} = \min\{40-30, 30-20\} = 10$,即得表2.20.

表 2. 20

8 15	6 20	10	9	35
9 30	12 20	13	7	50
14	9	16 10	5 30	40
45	20	30	30	

(3) Vogel 法. 对仍然需要考虑的行和列计算最小单位成本和次小单位成本 c_{ij} 的差(罚数),在罚数最大的行或列中,选择单位成本最小的变量(如果罚数最大的行或列不止一个或剩余单位成本最

小的变量不止一个的话,任选一个即可). 像西北角法那样,逐步根据这原则选定其余的值. 例如,在电力配送的例子中,行罚数和列罚数如表 2.21 所示. 其中最大的是在第 3 行的 4. 第 3 行中的最小单位成本是 $c_{34} = 5$,我们选 $x_{34} = \min\{40, 30\} = 30$. 删除第 4 列后计算罚数其中最大的行罚数和列罚数是在第 3 行的 5. 新表第 3 行中的最小单位成本是 $c_{32} = 9$,我们选 $x_{32} = \min\{40-30, 20\} = 10$. 删除第 3 行后计算罚数,其中最大的行罚数和列罚数是在第 2 列的 6. 新表第 2 列中的最小单位成本是 $c_{12} = 6$,我们选 $x_{12} = \min\{35, 20-10\} = 10$. 删除第 2 列后计算罚数,其中最大的行罚数和列罚数是在第 2 行的 4,新表第 2 行中的最小单位成本是 $c_{21} = 9$,我们选 $x_{21} = \min\{45, 50\} = 45$. 最后我们选 $x_{13} = \min\{35-10, 30\} = 25$,然后选 $x_{23} = \min\{50-45, 30-25\} = 5$,即得初始解.

表 2.21

				罚数				
8	6	10	9					
	10	25		35	2	2	2	2
9	12	13	7					
45		5		50	2	3	3	4*
14	9	16	5					
	10		30	40	4*	5*	—	—
45	20	30	30					
罚数 1	3	3	2					
1	3	3	—					
1	6*	3	—					
1	—	3						

(4) Russel 近似法. 对于每一个仍需考虑的产地行 i, 选定该行中单位成本 c_{ij} 的最大值作为 $\bar{u}_i$, 对于每一仍需考虑的销地列 j 中, 选定该列中单位成本 c_{ij} 的最大值作为 $\bar{v}_j$. 对于每个在这些行或列中没有选择过的变量 x_{ij}, 计算 $\Delta_{ij} = c_{ij} - \bar{u}_i - \bar{v}_j$. 选定 Δ_{ij} 取最大负值时所对应的那个变量(若有相同的最大负值, 任取一个即可). 例如, 在电力配送的例子中, 先计算 $\bar{u}_i$ 和 $\bar{v}_j$, 再计算 $\Delta_{ij} = c_{ij} - \bar{u}_i - \bar{v}_j$. 选定最大负值 $\Delta_{34} = -20$ 时所对应的那个变量, 其配送为 $x_{34} = \min\{40, 30\} = 30$. 删除第 4 列后计算 $\bar{u}_i$ 和 $\bar{v}_j$, 再计算 Δ_{ij}, 选定最大负值 $\Delta_{32} = -19$ 时所对应的那个变量, 其配送为 $x_{32} = \min\{40 - 30, 20\} = 10$. 删除第 3 行后计算 $\bar{u}_i$ 和 $\bar{v}_j$, 再计算 Δ_{ij}, 选定最大负值 $\Delta_{12} = -16$ 时所对应的那个变量, 其配送为

表 2.22

					$\bar{u}_i$
	8	6	10	9	35 10 10 10 10
		10	25		
	9	12	13	7	50 13 13 13 13
	45		5		
	14	9	16	5	40 16 16 — —
		10		30	
	45	20	30	30	
$\bar{v}_j$	14	12	16	9	
	14	12	16	—	
	9	12	13	—	
	9	—	13	—	

$x_{12} = \min\{35, 20-10\} = 10$. 删除第 2 列后计算 $\bar{u}_i$ 和 $\bar{v}_j$, 再计算 Δ_{ij}, 最大负值 $\Delta_{21} = \Delta_{23} = \Delta_{12} = -13$, 这些变量的配送为 $x_{21} = \min\{50, 45\} = 45$, $x_{23} = \min\{50-45, 30\} = 5$ 和 $x_{13} = \min\{35-10, 30-5\} = 25$, 即得初始解(见表 2.22).

2. 最优性检验

基可行解是最优解当且仅当对于任意 (i, j), 都有 $c_{ij} - u_i - v_j \geqslant 0$. 因此最优性检验的唯一工作是寻找现在可行解的乘子 u_i 和 v_j 值, 然后按照下列步骤计算这些 $c_{ij} - u_i - v_j$ 的值.

因为若 x_{ij} 为基变量, $c_{ij} - u_i - v_j$ 的值应该是 0, 所以 u_i 和 v_j 满足下列等式 $c_{ij} = u_i + v_j$. 因为有 $m+n-1$ 个基变量, 所以一共有 $m+n-1$ 个这样的等式. 因未知数 $(u_i$ 和 $v_j)$ 的数目为 $m+n$, 这些变量中有一个变量可以在不违背等式的前提下被任意赋一个值, 设它的值为 0. 例如, 在用西北角法的电力配送表格中, 我们取 $u_2 = 0$. 由 $c_{21} = u_2 + v_1 = 9$, 可知, $v_1 = 9$; 由 $c_{22} = u_2 + v_2 = 12$, 可知, $v_2 = 12$; 由 $c_{23} = u_2 + v_3 = 13$, 可知, $v_3 = 13$. 由于在第 2 行中基

表 2.23

				u_i
8 35 -5	6 -2	10 	9 8	35 -1
9 10	12 20	13 20	7 5	50 0
14 2	9 -6	16 10	5 30	40 3
45 v_j　9	20 12	30 13	30 2	

变量个数最多,我们取 $u_2 = 0$ 是为了方便计算. 由 $c_{11} = u_1 + v_1 = 8$, 可知, $u_1 = -1$; 由 $c_{33} = u_3 + v_3 = 16$, 可知, $u_3 = 16 - 3 = 3$; 最后 得 $v_4 = c_{34} - u_3 = 2$.

一旦确定了乘子 u_i 和 v_j, 我们可对非基变量 x_{ij} 计算其对应的 $c_{ij} - u_i - v_j$ 的值. 例如对 x_{12} 计算 $c_{12} - u_1 - v_2 = 6 - (-1) - 12 = -5$, 我们把它放在单元格的右下角. 类似地可计算其他 $c_{ij} - u_i - v_j$ 的值. 由于有三个负值,这个电力配送表格(表 2.23)不是最优的.

3. 迭代过程

第 1 步,确定换入基变量. 令 $c_{rs} - u_r - v_s = \min\limits_{i,j}\{c_{i,j} - u_i - v_j\} < 0$, 取 x_{rs} 为换入基变量.

第 2 步,确定换出基变量,运输表的结构使它容易在其上计算 并确定哪个换出基变量,并更新余下的基变量. 由换入基变量开始, 它从 0 增加 $\theta > 0$. $x_{rs} = \theta$ 变为基变量. 而后应对其他的基变量作调 整,使得第 r 行基变量之和仍为 a_r, 即其中有的基变量应减小 θ, 譬 如 $x_{rq} := x_{rq} - \theta$; 还要使得第 s 列基变量之和仍为 b_s, 即其中有的基 变量应减小 θ, 譬如 $x_{ps} := x_{ps} - \theta$. x_{rq} 改变后,第 q 列的某个变量要 增加 θ, 使得第 q 列的基变量之和仍为 b_q; x_{ps} 改变后,第 p 行的某个 变量要增加 θ, 使得第 p 行的基变量之和仍为 a_p, 如此等等. 在运输 表上,从换入基变量 x_{rs} 开始,找一个基变量的闭回路:

$$x_{rs} \rightarrow x_{rq} \rightarrow \cdots \rightarrow x_{ps} \rightarrow x_{rs}$$

对闭回路上的变量作如下的变动:

$$x_{rs} := x_{rs} + \theta,\ x_{rq} := x_{rq} - \theta,\ \cdots,\ x_{ps} := x_{ps} - \theta$$

我们取最大的 θ, 使得闭回路上的变量均为非负,则其中有个基变量 变为 0,它就是换出基变量.

第 3 步,确定新的基可行解. 将每个接收单元格加上换入基变 量(在一切变换之前),并同时减去每个施与单元格相对应的值,来获得新的基可行解.

具体问题调运方案的调整:例如,在上面的电力配送表格中我们取 x_{32} 为换入基变量,我们取以 x_{32} 为起点的闭回路 $(3,2)\rightarrow(3,3)\rightarrow(2,3)\rightarrow(2,2)\rightarrow(3,2)$,并求得调整量 θ. θ 等于闭回路上由空格算起奇数次拐角点上的最小运量(注意起点要算作偶数次拐角点). 在本例中 $\theta=\min\{10,20\}=10$. 然后进行调整,方法如下:

(1) 在该闭回路上,偶数次拐角点上的运量都加上调整量.

(2) 在该闭回路上,奇数次拐角点上的运量都减去调运量.

(3) 不在该闭回路拐角点上的其他各运量都不变.

也就是 x_{33} 为换出基变量,即得 $x_{32}=10$,$x_{33}=0$,$x_{23}=30$,$x_{22}=10$. 我们得到新的电力配送表格如表 2.24 所示.

表 2.24

8	6	10	9	u_i
35			35	
	-5	-2	8	-1
9	12	13	7	
10	10	30	50	
			5	0
14	9	16	5	
	10		30	40
2				3
45	20	30	30	
v_j 9	12	13	2	

我们对这个新的调运方案进行检验,这个电力配送表还不是最优的,我们取 x_{12} 为换入基变量,取闭回路 $(1,2)\rightarrow(1,1)\rightarrow(2,1)\rightarrow(2,2)\rightarrow(1,2)$,$x_{22}$ 为换出基变量,调整量 θ 等于闭回路上由空格算起奇数次拐角点上的最小运量(注意起点要算作偶数次拐角点). 在本例中 $\theta=\min\{10,35\}=10$. 即得 $x_{11}=25$,$x_{12}=10$,

$x_{21} = 20$, $x_{22} = 0$. 我们得到新的电力配送表格如表2.25所示.

表 2.25

					u_i
25	8	10	6	10	9	35
				−2	7	−1

8	6	10	9		u_i
25	10				35
		−2	7		−1
9	12	13	7		
20		30			50
	5		4		0
14	9	16	5		
	10		30		40
3		1			2
45	20	30	30		
v_j: 9	7	13	3		

这个电力配送表(表 2.25)还不是最优的,我们取 x_{13} 为换入基变量,取闭回路 $(1, 3) \rightarrow (1, 1) \rightarrow (2, 1) \rightarrow (2, 3) \rightarrow (1, 3)$, x_{11} 为

表 2.26

8	6	10	9		u_i
	10	25			35
2			7		−3
9	12	13	7		
45		5			50
	3		2		0
14	9	16	5		
	10		30		40
5		3			0
45	20	30	30		
v_j: 9	9	13	5		

换出基变量,调整量 $\theta = \min\{25, 30\} = 10$. 即得 $x_{13} = 25$, $x_{13} = 5$, $x_{21} = 45$, $x_{11} = 0$. 我们得到新的电力配送表格如表 2.26 所示. 最优性条件满足,因此表 2.26 为最优电力配送表.

2.7.4 用 Excel 建立和求解运输问题

采用电子数据表建立线性规划模型的过程开始时需要回答三个问题:决策是什么? 对决策的约束是什么? 对这些决策的所有处理方法有哪些? 由于运输问题是特殊的线性规划问题,所以也需要首先解决这几个问题. 电子数据表的设计已经考虑到如何采用逻辑方式表示信息和相关数据.

以某企业物流配送的简单数据为例,该问题是要解决从仓库到超市的运输量,这些决策的约束是从仓库运输出的总数量要小于其供给,且每个超市接收的数目为其分配数量. 且计算结果的总值为运输的总费用,目标是使运输的总费用最小.

这些信息导入电子数据表格如图 2 - 7 所示,所有数据来自刚才所述问题中物流配送的数据,其用 Excel 求解的过程如图 2 - 8、

	A	B	C	D	E	F	G	H
1								
2								
3	费用							
4		交货季1	交货季2	交货季3	交货季4			
5	生产季1	24	24.1	24.2	24.3			
6	生产季2		22	22.1	22.2			
7	生产季3			23	23.1			
8	生产季4				25			
9								
10	设备台数	交货季1	交货季2	交货季3	交货季4			
11	生产季1	30	0	0	0	30	<	50
12	生产季2	0	40	30	0	70	<	70
13	生产季3	0	0	20	40	60	<	60
14	生产季4	0	0	0	0	0	<	40
15		30	40	50	40			
16		=	=	=	=			
17		30	40	50	40		总费用	
18							3647	

图 2 - 7

2-9所示.

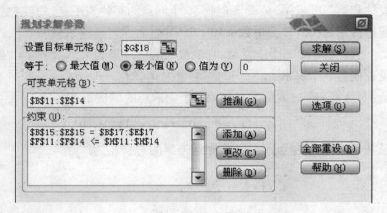

图 2-8

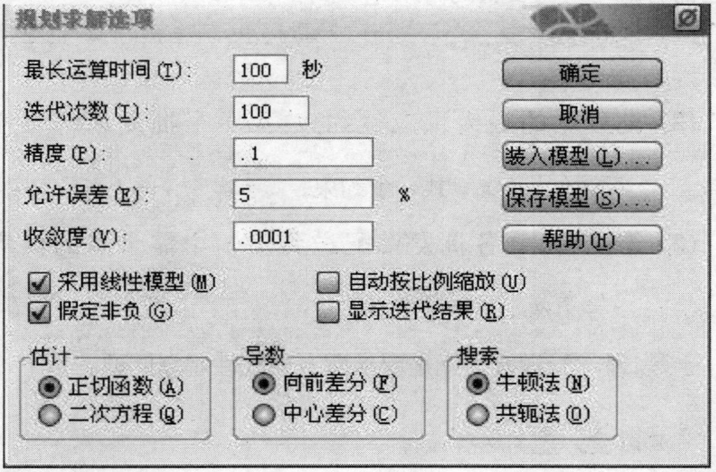

图 2-9

2.7.5 物资配送问题实例简介

以某企业物资配送的问题为例.

　　某企业现有 4 个物资批发站(第一批发站、第二批发站、第三批发站和第四批发站)负责该企业 86 个网点的某物资配送. 每吨物资配送费用为(0.7×公里数＋10＋6.6)×(各个网点需求量).

　　假设我们有 r 个批发站,它们最大的供应量为 $s_1, s_2, \cdots, s_r$. 假设我们有 n 个需求点,它们的需求量为 $d_1, d_2, \cdots, d_n$. 下面引进变量:令从第 i 个批发站配送到第 j 个需求点的供应量为

$$x_{(i-1)n+j} \quad (i=1, \cdots, r; j=1, \cdots, n)$$

总共有 rn 个变量,于是,一个配送方案的总费用为

$$c(x) = \sum_{i=1}^{r} \sum_{j=1}^{n} c_{ij} x_{(i-1)n+j}$$

其中 c_{ij} 为从第 i 个批发站配送到第 j 个需求点每吨物资的单价. 我们还需考虑对这些变量的约束:

　　(1) 非负约束:$x_{(i-1)n+j} \geqslant 0$ $(i=1, 2, \cdots, r; j=1, 2, \cdots, n)$,共 m 个约束;

　　(2) 批发站的最大供应量约束:第 i 个批发站的供应量 $\sum_{j=1}^{n} x_{(i-1)n+j}$ 要不大于 s_i,共 r 个约束;

　　(3) 需求约束:各批发站配送到第 j 个需求点的供应量 $\sum_{i=1}^{r} x_{(i-1)n+j}$ 等于 d_j,共 n 个约束.

　　于是,最优配送方案就是要求解下列线性规划问题:

$$\min \sum_{i=1}^{r} \sum_{j=1}^{n} c_{ij} x_{(i-1)n+j}$$

$$\text{s. t.} \sum_{j=1}^{n} x_{(i-1)n+j} \leqslant s_i \quad (i=1, 2, \cdots, r)$$

$$\sum_{i=1}^{r} x_{(i-1)n+j} = d_j \quad (j=1, 2, \cdots, n)$$

$$x_{(i-1)n+j} \geqslant 0 \quad (i=1, 2, \cdots, r; j=1, 2, \cdots, n) \quad (2.41)$$

上面提到的网点物资配送方案就用这个模型,其中批发站个数为 $r=4$,需求点个数 $n=86$. 在我们的计算中,第二批发站没有配送任务,即如果仅考虑网点物资配送,只须三个批发站即可.

如该企业物资配送再要涉及 227 个区县转代企业时则需要同时考虑 227 个区县转代企业和 86 个网点,此时我们还要增加一个批发站,使得批发站个数为 $r=5$,需求点个数 $n=313$. 在我们的计算中,各个批发站都有配送任务,这也符合调度人员的直观想象.

根据其中的数据,我们用 Excel 求解,其部分计算结果如图 2-10、2-11 所示.

	B	C	D	E	F	G
1	区…	一批	二批	三批	四批	五批
2		0.00	0.00	0.00	573.00	0.00
3		0.00	0.00	0.00	0.00	669.00
4		0.00	0.00	0.00	399.00	0.00
5		0.00	0.00	0.00	0.00	990.00
6		0.00	0.00	0.00	0.00	196.00
7		0.00	0.00	0.00	0.00	441.00
8		0.00	0.00	0.00	0.00	28.00
9		0.00	0.00	0.00	30.00	0.00
10		0.00	0.00	0.00	2499.00	0.00
11		0.00	0.00	0.00	381.00	0.00
12		0.00	0.00	0.00	5.10	0.00

图 2 - 10

作为线性规划的一种,运输问题也可以用 MATLAB 来求解. MATLAB 里面有专门的命令来求解线性规划问题的最优解. linprog( )命令是用来求解线性规划的命令. 其中[x,fval,exitflag,output,lambda] = linprog(f,A,b)是我们所提到的上述物流配送的例子中所用到的命令.

我们先考虑理想进货发货模型,即在进货前批发站的仓库是空

	A	B	C	D	E	F	G	H
1	序号		销量（口盐）	一批起	二批起	三批起	四批起	五批起
2	1		573.00	43.00	41.00	58.00	40.00	28.00
3	2		669.00	43.00	41.00	58.00	40.00	27.00
4	3		399.00	51.00	49.00	65.00	39.00	36.00
5	4		990.00	43.00	41.00	58.00	40.00	27.00
6	5		196.00	53.00	51.00	68.00	50.00	37.00
7	6		441.00	43.00	41.00	58.00	40.00	27.00
8	7		28.00	40.00	38.00	55.00	37.00	24.00
9	8		30.00	51.00	49.00	65.00	39.00	36.00
10	9		2499.00	51.00	61.00	49.00	42.00	51.00

图 2-11

的,在发货前批发站的仓库是满的. 例如,每月进一次货,发一次货,我们可以安排 15 天进货,15 天发货. 在进货期间,提前定货,以保证在此期间进货完毕. 类似地,在发货期间,提前安排,以保证在此期间发货完毕.

对于这类理想进货发货模型,我们先处理进货和发货问题是可分的,即我们可以把供销模型分解为两个问题分别予以考虑. 首先要解的是物资配送(发货)问题. 例如,我们用简单配送模型(2.41).令它的最优解为

$$x^*_{(i-1)n+j} \quad (i = 1, 2, \cdots, r; j = 1, 2, \cdots, n)$$

计算每个批发站的供货

$$s^*_i = \sum_{j=1}^n x^*_{(i-1)n+j} \quad (i = 1, 2, \cdots, r)$$

s^*_i 是第 i 个批发站应当进货的量.

下面考虑进货模型. 假设我们有 l 个原物资供应地. 从每个原物资供应地有两种运输方式运物资到 r 个批发站的仓库:水运和陆运. 如果有更多的进货运输方式,可以类似地处理.

下面引进变量. 令从第 k 个原物资供应地用水运和陆运方式运送到第 i 个批发站的仓库的运量分别为

$$y_{(k-1)r+i}, \quad y_{rl+(k-1)r+i} \quad (k = 1, 2, \cdots, l; i = 1, 2, \cdots, r)$$

总共有 $2lr$ 个变量. 则一个配送方案的总费用为

$$\bar{c}(y) = \sum_{k=1}^{l} \sum_{i=1}^{r} (c'_{ki} \cdot y_{(k-1)r+i} + c''_{ki} \cdot y_{rl+(k-1)r+i})$$

其中 c'_{ki} 为用水运方式从第 k 个原物资供应地配送到第 i 个批发站的仓库每吨物资的单价，c''_{ki} 为用陆运方式从第 k 个原物资供应地配送到第 i 个批发站的仓库每吨物资的单价.

我们还需考虑对这些变量的约束：

(1) 非负约束：$y_{(k-1)r+i} \geqslant 0$，$y_{rl+(k-1)r+i} \geqslant 0$ $(k=1, 2, \cdots, l; i=1, 2, \cdots, r)$ 共 $2lr$ 个约束；

(2) 批发站的最大储存量约束：第 i 个批发站的储存量 $\sum_{k=1}^{l} y_{(k-1)r+i} + y_{rl+(k-1)r+i}$ 要不大于 s_i，共 r 个约束；

(3) 需求约束：各供原物资供应地配送到第 i 个批发站的仓库的供应量 $\sum_{k=1}^{l} y_{(k-1)r+i} + y_{rl+(k-1)r+i}$ 等于 s_i^*，共 r 个约束.

这种供和销分别最优的模型不一定是总体最优. 为此，我们要修改需求约束. 从原物资供应地配送到第 i 个批发站的仓库的供应量 $\sum_{k=1}^{l} y_{(k-1)r+i} + y_{rl+(k-1)r+i}$ 等于 $\sum_{j=1}^{n} x_{(i-1)n+j}$.

于是，同时考虑供销的模型求最优配送方案就是求解下列线性规划问题：

$$\min_{x, y} \sum_{i=1}^{r} \sum_{j=1}^{n} c_{ij} x_{(i-1)n+j} +$$

$$\sum_{k=1}^{l} \sum_{i=1}^{r} (c'_{ki} \cdot y_{(k-1)r+i} + c''_{ki} \cdot y_{rl+(k-1)r+i})$$

$$\text{s. t.} \sum_{j=1}^{n} x_{(i-1)n+j} \leqslant s_i \quad (i=1, 2, \cdots, r)$$

$$\sum_{k=1}^{l} y_{(k-1)r+i} + y_{rl+(k-1)r+i} \leqslant s_i \quad (i = 1, 2, \cdots, r)$$

$$\sum_{i=1}^{r} x_{(i-1)n+j} = d_j \quad (j = 1, 2, \cdots, n)$$

$$\sum_{k=1}^{l} y_{(k-1)r+i} + y_{rl+(k-1)r+i} = \sum_{j=1}^{n} x_{(i-1)n+j} \qquad (2.42)$$

$$x_{(i-1)n+j} \geqslant 0 \quad (i = 1, 2, \cdots, r; j = 1, 2, \cdots, n)$$

$$y_{(k-1)r+i} \geqslant 0, \quad y_{rl+(k-1)r+i} \geqslant 0 \quad (k = 1, 2, \cdots, l;$$
$$i = 1, 2, \cdots, r)$$

得到线性规划的解后,可计算出从原物资供应地配送到第 i 个批发站的仓库的供应量

$$\sum_{k=1}^{l} y^*_{(k-1)r+i} + y^*_{rl+(k-1)r+i}$$

它也等于 $\sum_{j=1}^{n} x^*_{(i-1)n+j}$.

而我们也可以用 MATLAB 中的 GUI 来进行图形用户界面的设计,这样可以给出直观的表示. 在进行大规模的数据运算的时候可以将数据结果给出简洁明了的表示. MATLAB 不仅提供了丰富的图形命令和图形函数,而且面向对象的图形系统具有强大的用户界面生成能力,掌握 MATLAB 的图形界面设计技术,对于设计出良好的通用软件是十分重要的. MATLAB 有一个界面友好、操作方便的图形用户界面. 图形用户界面简称 GUI,是指人与计算机(或程序)之间交互作用的工具和方法,是完成与计算机信息交换的必要手段. MATLAB 开放、可扩展的体系结构允许用户开发自己的应用程序.

上述物流配送的例子的可用如图 2 – 12 所示的 GUI 界面来设计.

这样当点击按钮的时候,就会出现相应的结果,其部分结果以 Excel 的格式表示出来(如图 2 – 13 所示).

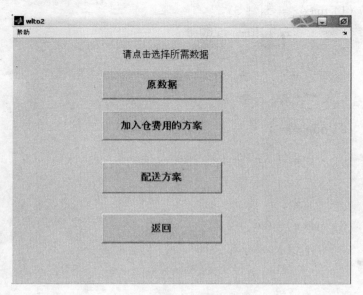

图 2 - 12

	A	B	C	D	E	F	G	H
1	序号		销量（口盐）	一批起	二批起	三批起	四批起	五批起
2	1		573.00	43.00	41.00	58.00	40.00	28.00
3	2		669.00	43.00	41.00	58.00	40.00	27.00
4	3		399.00	51.00	49.00	65.00	39.00	36.00
5	4		990.00	43.00	41.00	58.00	40.00	27.00
6	5		196.00	53.00	51.00	68.00	50.00	37.00
7	6		441.00	43.00	41.00	58.00	40.00	27.00
8	7		28.00	40.00	38.00	55.00	37.00	24.00
9	8		30.00	51.00	49.00	65.00	39.00	36.00
10	9		2499.00	51.00	61.00	49.00	42.00	51.00

图 2 - 13

习　题

1. 用图解法求解下列线性规划问题，并指出问题有唯一最优解、无穷多最优解、无界解和无可行解.

(1) $\max z = x_1 + 3x_2$

    s. t. $5x_1 + 10x_2 \leqslant 50$

          $x_1 + \quad x_2 \geqslant 1$

                 $x_2 \leqslant 4$

          $x_1 , \ x_2 \geqslant 0$

(2) $\min z = x_1 + \dfrac{2}{3}x_2$

    s. t. $x_1 + 3x_2 \geqslant 3$

          $x_1 + \quad x_2 \geqslant 2$

          $x_1 , \ x_2 \geqslant 0$

(3) $\max z = 2x_1 + 2x_2$

    s. t. $\quad\quad x_1 - x_2 \geqslant -1$

          $-\dfrac{1}{2}x_1 + x_2 \leqslant 2$

          $x_1 , \ x_2 \geqslant 0$

(4) $\min z = x_1 + x_2$

    s. t. $x_1 - x_2 \geqslant 0$

          $3x_1 - x_2 \leqslant -3$

          $x_1 , \ x_2 \geqslant 0$

2. 将下列线性规划问题转换成标准型式：

(1) $\max z = -3x_1 + 4x_2 - 2x_3 + 5x_4$

    s. t. $\quad\quad 4x_1 - \quad x_2 + 2x_3 - \quad x_4 = -2$

            $x_1 + \quad x_2 - \quad x_3 + 2x_4 \leqslant 14$

          $-2x_1 + 3x_2 + \quad x_3 - \quad x_4 \geqslant 2$

            $x_1 , \ x_2 , \ x_3 \geqslant 0, \ x_4 \ 无约束$

(2) $\min z = 2x_1 - 2x_2 + 3x_3$

    s. t. $- \quad x_1 + x_2 + x_3 = 4$

          $-2x_1 + x_2 - x_3 \leqslant 6$

$x_1 \leqslant 0$, $x_2 \geqslant 0$, x_3 无约束

3. 用单纯形方法求解下列线性规划问题：

(1) $\min z = x_1 - 3x_2 - 2x_3$

s. t. $x_1 + 2x_2 - 2x_3 \leqslant 2$

$2x_1 + x_2 + x_3 \leqslant 3$

$-x_1 \quad\quad + x_3 \leqslant 4$

$x_1, x_2, x_3 \geqslant 0$

(2) $\max z = 2x_1 + 3x_2 + x_3$

s. t. $x_1 - 2x_2 + x_3 \leqslant 5$

$2x_1 - x_2 + 2x_3 \leqslant 6$

$x_j \leqslant 0, \quad j = 1, 2, 3$

4. 分别用单纯形方法中的大 M 法和两阶段法求解下列线性规划问题：

(1) $\max z = 2x_1 + 3x_2 - 5x_3$

s. t. $x_1 + x_2 + x_3 = 7$

$2x_1 - 5x_2 + x_3 \geqslant 10$

$x_1, x_2, x_3 \geqslant 0$

(2) $\min z = 2x_1 + 3x_2 + x_3$

s. t. $x_1 + 4x_2 + 2x_3 \geqslant 8$

$3x_1 + 2x_2 \quad\quad \leqslant 6$

$x_1 \leqslant 0$, $x_2 \geqslant 0$, $x_3 \geqslant 0$

5. 找出下列问题的对偶：

(1) $\max 60x_1 + 30x_2 + 20x_3 = z$

s. t. $8x_1 + 6x_2 + x_3 \leqslant 48$

$4x_1 + 2x_2 + 1.5x_3 \leqslant 20$

$2x_1 + 1.5x_2 + 0.5x_3 \leqslant 8$

$x_1, x_2, x_3 \geqslant 0$

(2) $\min 50x_1 + 20x_2 + 30x_3 + 80x_4 = z$

s. t. $400x_1 + 200x_2 + 150x_3 + 500x_4 \geqslant 50$

$\quad 3x_1 + \quad 2x_2 \qquad\qquad\qquad \geqslant 6$

$\quad 2x_1 + \quad 2x_2 + \quad 4x_3 + \quad 4x_4 \geqslant 10$

$\quad 2x_1 + \quad 4x_2 + \quad x_3 + \quad 5x_4 \geqslant 8$

$\quad x_1, x_2, x_3, x_4 \geqslant 0$

(3) $\min 4x_1 + 2x_2 - x_3 = z$

s. t. $x_1 + 2x_2 \qquad \leqslant 6$

$\quad x_1 - \quad x_2 + 2x_3 = 8$

$\quad x_1, x_2 \geqslant 0, x_3$ 无限制

(4) $\min \quad x_1 - \quad x_2 = z$

s. t. $2x_1 + \quad x_2 \geqslant 4$

$\quad x_1 + \quad x_2 \geqslant 1$

$\quad x_1 + 2x_2 \geqslant 8$

$\quad x_1, x_2 \geqslant 0$

(5) $\max 2x_1 + x_2 = z$

s. t. $\quad x_1 + x_2 = 2$

$\quad 2x_1 - x_2 \geqslant 3$

$\quad x_1 - x_2 \leqslant 1$

$\quad x_1 \geqslant 0, x_2$ 无限制

(6) $\max 4x_1 - x_2 + 2x_3 = z$

s. t. $x_1 + \quad x_2 \qquad \leqslant 5$

$\quad 2x_1 + \quad x_2 \qquad \leqslant 7$

$\qquad\quad + 2x_2 + x_3 \geqslant 6$

$\quad x_1 \qquad\quad + x_3 = 4$

$\quad x_1 \geqslant 0, x_2, x_3$ 无限制

6. 某工厂生产 A_1, A_2 两种产品,生产每单位产品 A_1, A_2 可获利润分别为 15 元和 20 元. 每个产品都需经过三道工序,每道工

序在一个月内所能利用的公时数,及单位产品 A_1, A_2 在三道工序中所需要的加工时间见表 2.27. 工厂应如何安排一个月的生产计划,才能使获得的总利润最多?

表 2.27

所耗工时 \ 工序 产品	1	2	3
A_1	3	2	1
A_2	2	3	1
可用工时	800	800	350

7. 某市有三个面粉厂,它们供给三个面食加工厂所需的面粉. 各面粉厂的产量、各面食加工厂加工面粉的能力、各面食加工厂和各面粉厂之间的单位运价,均在表 2.28 中.假定在第 1,2 和 3 面食加工厂制作单位面粉食品的利润分别为 12 元、16 元和 11 元,试确定使总效益最大的面粉分配计划(假定面粉厂和面食加工厂都属于同一个主管单位).

表 2.28

单位运价 \ 食品厂 面粉厂	1	2	3	面粉厂产量
1	3	10	2	20
2	4	11	8	30
3	8	11	4	20
食品厂需量	15	25	20	

8. 考虑下面的运输表(Hitchcock)(表 2.29):

表 2.29

10	5	6	7	
				25
8	2	7	6	
				25
9	3	4	8	
				50
15	20	30	35	

(1) 分别用西北角法、最小价格法、Vogel 法和 Russel 法求初始基本可行解.

(2) 分别检验它们的最优性.

(3) 如果不是最优的,试给出换入基变量和换出基变量,并进行一次迭代.

(4) 再检验它们的最优性,求出最优解.

第三章 非线性规划

摘要：目标函数或约束函数中有非线性项的规划问题称为非线性规划问题. 在这部分,我们将介绍最优性条件,一维搜索的黄金分割法,解无约束问题的最速下降法和带一维搜索的 Newton 法,及解有约束问题的罚函数法.

3.1 基 本 概 念

3.1.1 非线性规划的一般模型

非线性规划的一般模型可表示成

$$\text{(P)} \quad \begin{aligned} &\min f(\boldsymbol{x}) \\ &\text{s. t } g_i(\boldsymbol{x}) \leqslant 0 \quad (i = 1, 2, \cdots, m) \\ &\qquad h_j(\boldsymbol{x}) = 0 \quad (j = 1, 2, \cdots, r) \end{aligned} \qquad (3.1)$$

其中 $\boldsymbol{x} \in \mathbf{R}^n$, $f(\boldsymbol{x})$ 为目标函数, $g_i(\boldsymbol{x})$, $h_j(\boldsymbol{x})$ 为约束函数. 这些函数中,至少有一个是非线性函数. 若令

$$S = \{\boldsymbol{x} \mid g_i(\boldsymbol{x}) \leqslant 0, \quad i = 1, 2, \cdots, m;$$
$$h_j(\boldsymbol{x}) = 0, \quad j = 1, 2, \cdots, r\}$$

则称 S 为可行域, S 中的点称为可行点. 这样可写成

$$\min_{\boldsymbol{x} \in S} f(\boldsymbol{x}) \qquad (3.2)$$

特别地,当 $S = \mathbf{R}^n$ 时,即

$$\min_{x \in \mathbf{R}^n} f(x) \tag{3.3}$$

最优化问题(3.3)称为无约束非线性规划问题.

注 3.1　最优化问题(3.1)中的约束函数可写成向量的形式. 记

$$g(x) = (g_1(x), g_2(x), \cdots, g_n(x))^{\mathrm{T}} \tag{3.4}$$

$$h(x) = (h_1(x), h_2(x), \cdots, h_n(x))^{\mathrm{T}} \tag{3.5}$$

则有

$$\begin{aligned}
&\min \ f(x) \\
&\text{s. t. } g(x) \leqslant 0 \\
&\qquad h(x) = 0
\end{aligned} \tag{3.6}$$

注 3.2　极小化问题

$$\min_{x \in S} f(x)$$

等价于极大化问题

$$\max_{x \in S} - f(x)$$

注 3.3　极小化和极大化问题统称为最优化问题,以下我们将以极小化形式的模型进行讨论.

例 3.1　设有 n 个商店,其位置和对货物的需求都已知,其货物由 m 个仓库提供,仓库的容量也已知. 问这个 m 个仓库建于何处,才能使由仓库提供各商品货物至各商店的运量与路程之积的总和为最小?

建立数学模型:设 (x_i, y_i) 为仓库的位置,c_i 为仓库的容量,$i = 1, 2, \cdots, m$;(a_j, b_j) 为商店的位置,r_j 为商店对货物的需求量,$j = 1, 2, \cdots, n$;w_{ij} 为第 i 个仓库提供第 j 个商店的运量;第 i 个仓库到第 j 个商店的路程为 d_{ij},定义为

$$d_{ij} = \sqrt{(x_i - a_j)^2 + (y_i - b_j)^2}$$

或

$$d_{ij} = |x_i - a_j| + |y_i - b_j| \quad (i = 1, 2, \cdots, m; \ j = 1, 2, \cdots, n)$$

于是场址问题的数学模型为

$$\min \sum_{i=1}^{m} \sum_{j=1}^{n} d_{ij} w_{ij}$$

$$\text{s. t.} \sum_{j=1}^{n} w_{ij} \leqslant c_i \quad (i = 1, 2, \cdots, m)$$

$$\sum_{i=1}^{m} w_{ij} = r_j \quad (j = 1, 2, \cdots, n)$$

$$w_{ij} \geqslant 0 \quad (i = 1, 2, \cdots, m; \ j = 1, 2, \cdots, n)$$

由于目标函数是非线性函数,因此上述问题是非线性规划问题.

3.1.2 最优解与极小点

定义 3.1 设 $S \subset \mathbf{R}^n$, $f: S \rightarrow \mathbf{R}^1$,若 $x^* \in S$,且对每一个 $x \in S$ 均成立 $f(x^*) \leqslant f(x)$,则称 x^* 为最优化问题(3.2)的总体最优解. 相应地,称 $f(x^*)$ 是最优化问题(3.2)的总体最优值.

定义 3.2 设 $S \subset \mathbf{R}^n$, $f: S \rightarrow \mathbf{R}^1$,若 $x^* \in S$,且存在 x^* 的 δ 领域

$$O(x^*, \delta) = \{x \mid \|x - x^*\| < \delta, \delta > 0 \text{ 实数}, x \in \mathbf{R}^n\}$$

使得对每个 $x \in O(x^*, \delta) \cap S$,成立 $f(x^*) \leqslant f(x)$,则称 x^* 为最优化问题(3.2)的局部极小点. 相应地,称 $f(x^*)$ 是最优化问题(3.2)的局部最优值.

3.1.3 梯度与 Hessian 矩阵

定义 3.3 设函数 $f(x)$ 存在一阶偏导数, $x \in \mathbf{R}^n$,记

$$\nabla f(\boldsymbol{x}) = \left(\frac{\partial f(\boldsymbol{x})}{\partial x_1}, \frac{\partial f(\boldsymbol{x})}{\partial x_2}, \cdots, \frac{\partial f(\boldsymbol{x})}{\partial x_n}\right)^{\mathrm{T}}$$

则称向量$\nabla f(\boldsymbol{x})$为$f(\boldsymbol{x})$在$\boldsymbol{x}$处的梯度.

定义 3.4 设函数$f(\boldsymbol{x})$存在二阶偏导数，$\boldsymbol{x} \in \mathbf{R}^n$，

$$\nabla^2 f(\boldsymbol{x}) = \begin{pmatrix} \dfrac{\partial^2 f(\boldsymbol{x})}{\partial x_1^2} & \dfrac{\partial^2 f(\boldsymbol{x})}{\partial x_1 \partial x_2} & \cdots & \dfrac{\partial^2 f(\boldsymbol{x})}{\partial x_1 \partial x_n} \\[2mm] \dfrac{\partial^2 f(\boldsymbol{x})}{\partial x_2 \partial x_1} & \dfrac{\partial^2 f(\boldsymbol{x})}{\partial x_2^2} & \cdots & \dfrac{\partial^2 f(\boldsymbol{x})}{\partial x_2 \partial x_n} \\[2mm] \vdots & \vdots & & \vdots \\[2mm] \dfrac{\partial^2 f(\boldsymbol{x})}{\partial x_n \partial x_1} & \dfrac{\partial^2 f(\boldsymbol{x})}{\partial x_n \partial x_2} & \cdots & \dfrac{\partial^2 f(\boldsymbol{x})}{\partial x_n^2} \end{pmatrix}$$

则称矩阵$\nabla^2 f(\boldsymbol{x})$为在$\boldsymbol{x}$处的 Hessian 矩阵.

例 3.2 设二次函数$f(\boldsymbol{x}) = \dfrac{1}{2}\boldsymbol{x}^{\mathrm{T}}\boldsymbol{A}\boldsymbol{x} + \boldsymbol{b}^{\mathrm{T}}\boldsymbol{x}$，其中$\boldsymbol{A}$为$n$阶对称矩阵，$\boldsymbol{x}$，$\boldsymbol{b}$为$n$维向量，则$f(\boldsymbol{x})$在$\boldsymbol{x}$处的梯度与 Hessian 矩阵分别为

$$\nabla f(\boldsymbol{x}) = \boldsymbol{A}\boldsymbol{x} + \boldsymbol{b}, \quad \nabla^2 f(\boldsymbol{x}) = \boldsymbol{A}$$

例 3.3 给定二次函数$f(x_1, x_2) = 2x_1^2 + x_2^2 - 2x_1 x_2 + x_2 + 1$，求其在任一点$(x_1, x_2)$处的梯度$\nabla f(\boldsymbol{x})$与 Hessian 矩阵$\nabla^2 f(\boldsymbol{x})$.

解

$$\nabla f(\boldsymbol{x}) = \left(\frac{\partial f}{\partial x_1}, \frac{\partial f}{\partial x_2}\right)^{\mathrm{T}} = (4x_1 - 2x_2, \ 2x_2 - 2x_1 + 1)^{\mathrm{T}}$$

$$\nabla^2 f(\boldsymbol{x}) = \begin{pmatrix} \dfrac{\partial^2 f(\boldsymbol{x})}{\partial x_1^2} & \dfrac{\partial^2 f(\boldsymbol{x})}{\partial x_1 \partial x_2} \\[2mm] \dfrac{\partial^2 f(\boldsymbol{x})}{\partial x_2 \partial x_1} & \dfrac{\partial^2 f(\boldsymbol{x})}{\partial x_2^2} \end{pmatrix} = \begin{pmatrix} 4 & -2 \\ -2 & 2 \end{pmatrix}$$

3.2　有关最优性条件的几个结论

3.2.1　一阶必要最优性条件

定理 3.1　设函数 $f(x)$ 在 x^* 可微,若存在方向 p,使 $\nabla f(x^*)^{\mathrm{T}} p < 0$,则存在 $\delta > 0$,使得对每个 $\lambda \in (0, \delta)$,有 $f(x^* + \lambda p) < f(x^*)$.

注 3.4　p 称为 f 在 x^* 处的下降方向.

推论 3.1　设函数 $f(x)$ 在 x^* 可微,若 x^* 是局部极小点,则 $\nabla f(x^*) = \mathbf{0}$.

3.2.2　二阶充分最优性条件

定理 3.2　设函数 $f(x)$ 在 x^* 二次可微,若 x^* 是局部极小点,则 $\nabla f(x^*) = \mathbf{0}$,且 Hessian 矩阵 $\nabla^2 f(x^*)$ 是半正定的.

定理 3.3　设函数 $f(x)$ 在 x^* 二次可微,若 $\nabla f(x^*) = \mathbf{0}$ 且 Hessian 矩阵 $\nabla^2 f(x^*)$ 正定,则 x^* 是严格局部极小点.

例 3.4　求 $\min f(x) = (x_1^2 - 1)^2 + x_1^2 + x_2^2 - 2x_1$ 的最优解.

解　由于

$$\frac{\partial f}{\partial x_1} = 4x_1^3 - 2x_1 - 2$$

$$\frac{\partial f}{\partial x_2} = 2x_2$$

令 $\nabla f(x) = \mathbf{0}$,即

$$\begin{cases} 4x_1^3 - 2x_1 - 2 = 0 \\ 2x_2 = 0 \end{cases}$$

得稳定点

$$x^* = (x_1^*, x_2^*)^{\mathrm{T}} = (1, 0)^{\mathrm{T}}$$

又

$$\nabla^2 f(\boldsymbol{x}) = \begin{pmatrix} 12x_1^2 - 2 & 0 \\ 0 & 2 \end{pmatrix}, \ \nabla^2 f(\boldsymbol{x}^*) = \begin{pmatrix} 10 & 0 \\ 0 & 2 \end{pmatrix}$$

显然 $\nabla^2 f(\boldsymbol{x}^*)$ 为正定矩阵,由定理 3.3 知, $\boldsymbol{x}^* = (1,0)^{\mathrm{T}}$ 是严格局部极小点.

3.3 非线性规划方法概述

3.3.1 下降算法的构造想法

对问题(3.2)

$$\min_{\boldsymbol{x} \in S} f(\boldsymbol{x})$$

(1) 先构造一映射 $M: S \rightarrow S$.

(2) 再取一个初始点 $\boldsymbol{x}^0 \in S$.

(3) 利用 M 作迭代 $\boldsymbol{x}^{k+1} = M\boldsymbol{x}^k$ $(k = 0, 1, 2, \cdots)$. 这样产生的点列 $\{\boldsymbol{x}^k\}$,我们要求 $\{f(\boldsymbol{x}^k)\}$ 为单调下降序列,这种算法称为下降算法.

基本算法步骤:

步骤 0:找一个 $\boldsymbol{x}^0 \in S$, $k := 0$.

步骤 1: $\boldsymbol{x}^{k+1} = M\boldsymbol{x}^k$.

步骤 2:若 $f(\boldsymbol{x}^{k+1}) \geqslant f(\boldsymbol{x}^k)$,则停止;否则, $k := k+1$,转步骤 1.

于是,我们要搞清楚的是:① 映射是如何构造的? 每次迭代如何作出方向、确定步长? ② 由算法产生的点列是否收敛? 若收敛,收敛速度如何? 用什么样的尺度来衡量? 这是非线性规划要研究的问题之一.

3.3.2 可行下降方向

定义 3.5 设 $S \subset \mathbf{R}^n$, $\bar{\boldsymbol{x}} \in S$, $\boldsymbol{p} \in \mathbf{R}^n$,且 $\boldsymbol{p} \neq \boldsymbol{0}$, 若存在 $\lambda >$

0 使得 $\bar{x} + \lambda p \in S$,则称 p 是在 $\bar{x}$ 处关于 S 可行方向.

定义 3.6 设 $f: \mathbf{R}^n \to \mathbf{R}^1$,$\bar{x} \in \mathbf{R}^n$,$p \in \mathbf{R}^n$ 且 $p \neq \boldsymbol{0}$,若存在 $\delta > 0$,使得对每一 $\lambda \in (0, \delta)$,成立 $f(\bar{x} + \lambda p) < f(\bar{x})$,则称 p 是 f 在 $\bar{x}$ 处的下降方向.

定义 3.7 既是可行方向又是下降方向,称为可行下降方向.

3.3.3 收敛性与收敛速度

定义 3.8 设 $\{x^k\}$ 为迭代点列,若 $\lim\limits_{k \to \infty} \| x^k - x^* \|$,则称 x^k 收敛于 x^*.

注 3.5 若 x^* 为问题(3.2)的最优解,则称为理论上收敛.若 x^* 为可接受的近似最优解,则称为实用上收敛.

注 3.6 由算法产生的点列 $\{x^k\}$ 如何收敛,一般常与初始点 x^0 的选取有关. 若当 x^0 充分接近于 x^*,$\{x^k\}$ 收敛于 x^*,则称 x^k 局部收敛于 x^*;若对任一 $x^0 \in S$,$\{x^k\}$ 收敛于 x^*,则称 x^k 全局收敛于 x^*.

定义 3.9 设 $\{x^k\}$ 为迭代点列,收敛于 x^*,且有

$$\lim_{k \to \infty} \frac{\| x^{k+1} - x^* \|}{\| x^k - x^* \|^\alpha} = q$$

当 $\alpha = 1$,$q > 0$,称为线性收敛速度. 当 $1 < \alpha < 2$,$q > 0$ 或 $\alpha = 1$,$q = 0$,称为超线性收敛速度. 当 $\alpha = 2$,$q \geqslant 0$,称为二阶收敛速度.

3.4 基本优化方法

3.4.1 一维最优化

迭代算法的基本结构往往是在第 k 步确定 x^k 点处的下降方向 p_k,沿 p_k 作一维搜索得点 x^{k+1},因此,一维搜索在许多算法中起着重要的作用,在研究其他算法前,有必要先对其作一讨论.

定义 3.10 寻找定义在某直线或射线上函数的极小点,称为

一维最优化或一维搜索.

其数学描述如下:

$$\min_{\lambda \in \mathbf{R}} \varphi(\lambda) = f(\boldsymbol{x}^k + \lambda \boldsymbol{p}_k)$$

由于一维搜索是求多变量函数在某一维直线上的极小点,因此,即使多变量有唯一极小点,也不能保证它在一维直线上的极小点唯一,为此常用到单峰性的假设.

定义 3.11 若函数 $\varphi(\lambda)$ 在区间 $[a, b]$ 上满足:对任意 $\lambda_1, \lambda_2 \in [a, b]$ 且 $\lambda_1 < \lambda_2$,由 $\lambda_1 > \lambda^*$,则 $\varphi(\lambda_1) < \varphi(\lambda_2)$,由 $\lambda_2 < \lambda^*$,则 $\varphi(\lambda_1) > \varphi(\lambda_2)$,其中 λ^* 是 $\varphi(\lambda)$ 在 $[a, b]$ 上的极小点,则称函数 $\varphi(\lambda)$ 在 $[a, b]$ 上是单峰.

下面我们介绍一维搜索的黄金分割法(0.618 法).该算法的思想是:

(1) 每次迭代使区间长度按相同比例缩小.

(2) 每次获得的新区间保留了原区间的一个端点.

(3) 除第一次外,为获得新区间只要计算一次函数值.

记初始区间为 $[a_1, b_1]$,第 k 次迭代时不定区间为 $[a_k, b_k]$.用黄金分割法计算两个探索点如下:

$$\lambda_k = a_k + 0.382(b_k - a_k) \tag{3.7}$$

$$\mu_k = a_k + 0.618(b_k - a_k) \tag{3.8}$$

运用黄金分割法,第一次迭代取两个探索点 λ_1 和 μ_1,以后每次迭代中,只需按式(3.7)或(3.8)重新算一点. 由上分析我们得如下算法:

步骤 1:给定初始区间 $[a_1, b_1]$ 及精度 $\varepsilon > 0$.

步骤 2:令 $\lambda_1 = a_1 + 0.382(b_1 - a_1)$,$\mu_1 = a_1 + 0.618(b_1 - a_1)$,并计算 $\varphi(\lambda_1)$,$\varphi(\mu_1)$. 令 $k := 1$.

步骤 3:若 $|b_k - a_k| < \varepsilon$,则终止,令 $\lambda^* = \frac{1}{2}(a_k + b_k)$,否则,

当 $\varphi(\lambda_k) > \varphi(\mu_k)$ 时,转步骤 4;当 $\varphi(\lambda_k) \leqslant \varphi(\mu_k)$ 时,转步骤 5.

步骤 4: 令 $a_{k+1} := \lambda_k$, $b_{k+1} := b_k$, $\lambda_{k+1} := \mu_k$

$$\mu_{k+1} = a_{k+1} + 0.618(b_{k+1} - a_{k+1})$$

计算 $\varphi(\mu_{k+1})$,转步骤 6.

步骤 5: 令 $a_{k+1} := a_k$, $b_{k+1} := \mu_k$, $\mu_{k+1} := \lambda_k$

$$\lambda_{k+1} = a_{k+1} + 0.382(b_{k+1} - a_{k+1})$$

计算 $\varphi(\lambda_{k+1})$,转步骤 6.

步骤 6: 令 $k := k+1$,转步骤 3.

例 3.5 用黄金分割法求函数 $\varphi(\lambda) = \lambda^3 - 2\lambda + 1$ 在区间 $[0, 3]$ 上的近似最优解,要求最后区间精度 $\varepsilon = 0.5$.

解 给定初始区间 $[a_1, b_1] = [0, 3]$ 及精度 $\varepsilon = 0.5$.

第一次迭代: 按式(3.7)和(3.8)计算得

$$\lambda_1 = 0 + 0.382(3 - 0) = 1.146$$
$$\mu_1 = 0 + 0.618(3 - 0) = 1.854$$

计算 $\varphi(\lambda_1) = 0.2131$, $\varphi(\mu_1) = 3.6648$,由于 $b_1 - a_1 = 3 > 0.5$ 且 $\varphi(\lambda_1) < \varphi(\mu_1)$,令

$$a_2 := a_1 = 0, \ b_2 := \mu_1 = 1.854, \ \mu_2 := \lambda_1 = 1.146$$
$$\lambda_2 = a_2 + 0.382(b_2 - a_2) = 0.708$$

求得 $\varphi(\lambda_2) = -0.0611$.

第二次迭代: $b_2 - a_2 = 1.854 > 0.5$,由于 $\varphi(\lambda_2) = -0.0611 < 0.213 = \varphi(\mu_2)$,令

$$a_3 := a_2 = 0, \ b_3 := \mu_2 = 1.146, \ \mu_3 := \lambda_2 = 0.708$$
$$\lambda_3 = a_3 + 0.382(b_3 - a_3) = 0.438$$

求得 $\varphi(\lambda_3) = 0.208$.

第三次迭代: $b_3 - a_3 = 1.146 > 0.5$,由于 $\varphi(\lambda_3) = 0.208 > -0.0611 = \varphi(\mu_3)$,令

$$a_4 := \lambda_3 = 0.438, \ b_4 := b_3 = 1.146, \ \lambda_4 := \mu_3 = 0.708$$

$$\mu_4 = a_4 + 0.618(b_4 - a_4) = 0.876$$

求得 $\varphi(\mu_4) = -0.0798$.

第四次迭代：$b_4 - a_4 = 0.708 > 0.5$，由于 $\varphi(\lambda_4) = -0.0611$ $> -0.0798 = \varphi(\mu_4)$，令

$$a_5 := \lambda_4 = 0.708, \ b_5 := b_4 = 1.146$$

由于 $b_5 - a_5 = 0.438 < 0.5 = \varepsilon$，则迭代停止，得近似最优解

$$\lambda^* = \frac{1}{2}(a_5 + b_5) = 0.927$$

3.4.2 无约束问题的优化方法

考虑问题

$$\min_{\boldsymbol{x} \in \mathbf{R}^n} f(\boldsymbol{x})$$

求 $f(\boldsymbol{x})$ 在 $\mathbf{R}^n$ 中的极小点，一般通过一系列选择搜索方向和一维搜索来实现，其核心问题是选择搜索方向. 不同的搜索方向形成不同的最优化方法，本节仅介绍使用梯度的两个最优化方法.

1. 最速下降法

最速下降法是一个古老的数值最优化方法，但由于它是不少算法的基础，因此仍不失为一个重要的方法. 最速下降法的依据是，目标函数沿负梯度方向下降最快，即下述定理：

定理 3.4　设 $f(\boldsymbol{x})$ 是 $\mathbf{R}^n$ 上的连续可微函数，若它在点 $\boldsymbol{x}$ 处的梯度 $\nabla f(\boldsymbol{x}) \neq \boldsymbol{0}$，则负梯度方向是该点的最快下降方向.

算法如下：

步骤 1：给定初始点 $\boldsymbol{x}^0 \in \mathbf{R}^n$，精度 $\varepsilon > 0$，令 $k := 0$.

步骤 2：计算 $\boldsymbol{p}_k = -\nabla f(\boldsymbol{x}^k)$，若 $\| \boldsymbol{p}_k \| < \varepsilon$，则终止，$\boldsymbol{x}^k$ 即为原问题的近似最优解，否则转下一步.

步骤 3：进行一维搜索，求 λ_k 使得

$$f(\boldsymbol{x}^k + \lambda_k \boldsymbol{p}_k) = \min_{\lambda \geqslant 0} f(\boldsymbol{x}^k + \lambda \boldsymbol{p}_k)$$

步骤 4：令 $\boldsymbol{x}^{k+1} = \boldsymbol{x}^k + \lambda_k \boldsymbol{p}_k$，$k := k+1$，转步骤 2.

例 3.6 用最速下降法求解无约束非线性规划问题

$$\min f(\boldsymbol{x}) = 2x_1^2 + x_2^2$$

其中 $\boldsymbol{x} = (x_1, x_2)^{\mathrm{T}}$，要求选取初始点 $\boldsymbol{x}^0 = (1, 1)^{\mathrm{T}}$，$\varepsilon = 0.1$.

解 第一次迭代：因为 $\nabla f(\boldsymbol{x}) = (4x_1, 2x_2)^{\mathrm{T}}$，$\boldsymbol{p}_0 = -\nabla f(\boldsymbol{x}^0) = (-4, -2)^{\mathrm{T}}$，$\|\boldsymbol{p}_0\| = 2\sqrt{5} > 0.1$，从 $\boldsymbol{x}^0 = (1, 1)^{\mathrm{T}}$ 出发沿方向 $\boldsymbol{p}_0$ 进行一维搜索.

$$\boldsymbol{x}^0 + \lambda \boldsymbol{p}_0 = (1, 1)^{\mathrm{T}} + \lambda(-4, -2)^{\mathrm{T}} = (1 - 4\lambda, 1 - 2\lambda)^{\mathrm{T}}$$

因而

$$f(\boldsymbol{x}^0 + \lambda \boldsymbol{p}_0) = 2(1 - 4\lambda)^2 + (1 - 2\lambda)^2$$

令 $\dfrac{\mathrm{d}}{\mathrm{d}\lambda} f(\boldsymbol{x}^0 + \lambda \boldsymbol{p}_0) = 0$，得 $\lambda_0 = \dfrac{5}{18}$，所以 $\boldsymbol{x}^1 = \boldsymbol{x}^0 + \lambda_0 \boldsymbol{p}_0 = \left(-\dfrac{1}{9}, \dfrac{4}{9}\right)^{\mathrm{T}}$.

第二次迭代：$f(\boldsymbol{x})$ 在 $\boldsymbol{x}^1$ 处的最速下降方向为

$$\boldsymbol{p}_1 = -\nabla f(\boldsymbol{x}^1) = \left(\dfrac{4}{9}, -\dfrac{8}{9}\right)^{\mathrm{T}}$$

$\|\boldsymbol{p}_1\| = \dfrac{4}{9}\sqrt{5} > 0.1$，从 $\boldsymbol{x}^1$ 出发沿方向 $\boldsymbol{p}_1$ 进行一维搜索，得到步长 $\lambda_1 = \dfrac{5}{12}$. 所以 $\boldsymbol{x}^2 = \boldsymbol{x}^1 + \lambda_1 \boldsymbol{p}_1 = \dfrac{2}{27}(1, 1)^{\mathrm{T}}$.

第三次迭代：计算 $\boldsymbol{p}_2 = -\nabla f(\boldsymbol{x}^2) = \dfrac{4}{27}(-2, -1)^{\mathrm{T}}$，$\|\boldsymbol{p}_2\| = \dfrac{4}{27}\sqrt{5} > 0.1$，再从 $\boldsymbol{x}^2$ 出发，沿 $\boldsymbol{p}_2$ 作一维搜索，得 $\lambda_2 = \dfrac{5}{18}$. 所以

$$x^3 = x^2 + \lambda_2 p_2 = \frac{2}{243}(-1, 4)^{\mathrm{T}}$$

这时有 $p_3 = -\nabla f(x^3) = \frac{4}{243}(-1, 2)$, $\| p_3 \| = \frac{4}{243}\sqrt{5} < 0.1$,满

足要求,得原问题的近似最优解 $x^3 = \frac{2}{243}(-1, 4)^{\mathrm{T}}$. 实际上,问题的

最优解为 $x^* = (0, 0)^{\mathrm{T}}$.

2. 带一维搜索的 Newton 法

为了寻求收敛速度更快地求解非线性规划问题的方法,我们考虑在每一次迭代时用适当的二次函数来近似目标函数,并用迭代点处指向近似二次函数极小点的方向来构造搜索方向,再用一维搜索来确定最优步长,从而给出带一维搜索的 Newton 法.

算法如下:

步骤 1:给定初始点 $x^0 \in \mathbf{R}^n$,精度 $\varepsilon > 0$,令 $k := 0$.

步骤 2:计算 $\nabla f(x^k)$, $[\nabla^2 f(x^k)]^{-1}$.

步骤 3:若 $\| \nabla f(x^k) \| < \varepsilon$,则停止迭代,否则构造 Newton 方向:

$$p_k = -[\nabla^2 f(x^k)]^{-1} \nabla f(x^k)$$

步骤 4:从 x^k 出发,沿 p_k 进行一维搜索,求出 λ_k,使得

$$f(x^k + \lambda_k p_k) = \min_{\lambda \geqslant 0} f(x^k + \lambda p_k)$$

令 $x^{k+1} = x^k + \lambda_k p_k$, $k := k+1$,转步骤 2.

例 3.7 用带一维搜索的 Newton 法对例 3.6 求其最优解.

解 计算

$$\nabla f(x) = (4x_1, 2x_2)^{\mathrm{T}}, \ \nabla^2 f(x) = \begin{bmatrix} 4 & 0 \\ 0 & 2 \end{bmatrix}$$

构造 Newton 方向: $p_0 = -[\nabla f(x^0)]^{-1} \nabla f(x^0) = (-1, -1)^{\mathrm{T}}$,从 x^0 出发沿 p_0 方向作一维搜索:

$$\boldsymbol{x}^0 + \lambda \boldsymbol{p}_0 = (1, 1)^{\mathrm{T}} + \lambda(-1, -1)^{\mathrm{T}} = (1-\lambda, 1-\lambda)^{\mathrm{T}}$$

因而 $f(\boldsymbol{x}^0 + \lambda \boldsymbol{p}_0) = 2(1-\lambda)^2 + (1-\lambda)^2$. 令 $\dfrac{\mathrm{d}}{\mathrm{d}\lambda} f(\boldsymbol{x}^0 + \lambda \boldsymbol{p}_0) = 0$,

得 $\lambda_0 = 1$. 所以 $\boldsymbol{x}^1 = \boldsymbol{x}^0 + \lambda_0 \boldsymbol{p}_0 = (0, 0)^{\mathrm{T}}$. 此时 $\parallel \nabla f(\boldsymbol{x}^1) \parallel = 0 <$
ε, 则迭代终止, 得原问题的最优解为 $\boldsymbol{x}^* = (0, 0)^{\mathrm{T}}$.

3.4.3 约束问题的优化方法

考虑问题

$$\begin{aligned} &\min f(x) \\ (\mathrm{P}) \quad &\text{s. t. } g_i(\boldsymbol{x}) \leqslant 0 \quad (i = 1, 2, \cdots, m) \\ &\quad h_j(\boldsymbol{x}) = 0 \quad (j = 1, 2, \cdots, r) \end{aligned} \qquad (3.9)$$

我们在这一节仅介绍求解约束非线性规划问题的一种常用方法——罚函数方法, 它的基本思想是利用目标函数和约束函数构造辅助函数

$$F(\boldsymbol{x}, \alpha) = f(\boldsymbol{x}) + \alpha p(\boldsymbol{x}) \qquad (3.10)$$

记可行域 $S = \{\boldsymbol{x} \mid g_i(\boldsymbol{x}) \leqslant 0, i = 1, 2, \cdots, m; h_j(\boldsymbol{x}) = 0, j = 1, 2, \cdots, r\}$. 其中 $\alpha(>0)$ 是参数, 当 $\boldsymbol{x} \in S$ 时, $p(\boldsymbol{x}) = 0$; 当 $\boldsymbol{x} \notin S$ 时, $p(\boldsymbol{x}) > 0$.

$F(\boldsymbol{x}, \alpha)$ 具有这样的性质: 当 $\boldsymbol{x} \in S$ 时, $F(\boldsymbol{x}, \alpha) = f(\boldsymbol{x})$; 当 $\boldsymbol{x} \notin S$ 时, $F(\boldsymbol{x}, \alpha) > f(\boldsymbol{x})$, 而且离 S 越远其值越大. 这样将原问题 (P) 化成关于辅助函数 $F(\boldsymbol{x}, \alpha)$ 的无约束非线性规划问题 (P_α)

$$(\mathrm{P}_\alpha)\colon \min F(\boldsymbol{x}, \alpha) = f(\boldsymbol{x}) + \alpha p(\boldsymbol{x})$$

在极小化的过程中, 若 $\boldsymbol{x} \notin S$, 则式 (3.10) 第二项中的 α 取很大的值, 其作用是迫使迭代点靠近 S, 因此求无约束问题 (P_α) 就能得到约束问题 (P) 的近似解, 而且 α 越大, 近似程度越好. 一般称 $\alpha p(\boldsymbol{x})$ 为罚项, α 为罚参数, $F(\boldsymbol{x}, \alpha)$ 为罚函数. 然而罚函数可以有不同的

定义方法,我们这里给出的是一个比较典型的二次罚函数:

$$F(\boldsymbol{x}, \alpha) = f(\boldsymbol{x}) + \alpha\left\{\sum_{i=1}^{m}\left[\max(0, g_i(\boldsymbol{x}))\right]^2 + \sum_{j=1}^{p}\left[h_j(\boldsymbol{x})\right]^2\right\}$$

由于在实际计算中,罚参数的选择很关键,若太小,则问题(P_α)的极小点会远离问题(P)的极小点;若α太大,则会给计算增加难度. 一般是选取一个趋向无穷大的严格单调增加序列$\{\alpha_k\}$,从α_1出发,对每一k,求解无约束问题

$$(\mathrm{P}_{\alpha_k}): \min[f(\boldsymbol{x}) + \alpha_k p(\boldsymbol{x})]$$

得到极小点的序列$\{\boldsymbol{x}_{\alpha_k}^*\}$. 在一定的假设条件下,$\{\boldsymbol{x}_{\alpha_k}^*\}$收敛于约束问题$(\mathrm{P})$的极小点. 如此通过求解一系列无约束问题来获得约束问题极小点的方法称为序列无约束极小化方法(SUMT 方法),也称为外罚函数方法.

算法如下:

步骤 1:给定初始点$\boldsymbol{x}^1$,初始罚参数α_1,放大系数$c > 1$,精度$\varepsilon > 0$. 令$k := 1$.

步骤 2:构造罚函数

$$F(\boldsymbol{x}, \alpha_k) = f(\boldsymbol{x}) + \alpha_k p(\boldsymbol{x}) = f(\boldsymbol{x}) +$$

$$\alpha_k\left\{\sum_{i=1}^{m}\left[\max(0, g_i(\boldsymbol{x}))\right]^2 + \sum_{j=1}^{p}\left[h_j(\boldsymbol{x})\right]^2\right\}$$

步骤 3:以$\boldsymbol{x}^{k-1}$为初始点,选用某种无约束优化方法求解问题

$$(\mathrm{P}_{\alpha_k}): \min F(\boldsymbol{x}, \alpha_k)$$

设其极小点为$\boldsymbol{x}^k$.

步骤 4:若$\alpha_k P(\boldsymbol{x}^k) < \varepsilon$,则算法终止,输出$\boldsymbol{x}^k$,$\boldsymbol{x}^k$为原问题的近似最优解,否则令$\alpha_{k+1} = c\alpha_k$,并令$k := k+1$,转步骤 2.

例 3.8 用罚函数方法求解下列约束非线性规划问题:

$$\min (x_1 - 2)^4 + (x_1 - 2x_2)^2$$
$$\text{s. t. } x_1^2 - x_2 = 0$$

其中，$\boldsymbol{x}^0 = (2, 1)^T$，$\alpha_1 = 0.1$，$c = 10$，$\varepsilon = 0.005$.

解 把原问题化为无约束罚问题：

$$\min[(x_1 - 2)^4 + (x_1 - 2x_2)^2 + \alpha_k(x_1^2 - x_2)^2]$$

具体计算过程由表 3.1 给出.

表 3.1

k	α_k	$\boldsymbol{x}^k = \boldsymbol{x}_{a_k}$	$f(\boldsymbol{x}^k)$	$P(\boldsymbol{x}_{a_k}) = [h(\boldsymbol{x}_{a_k})]^2$	$F(\boldsymbol{x}_{a_k}, \alpha_k)$	$\alpha_k P(\boldsymbol{x}_{a_k})$
1	0.1	$(1.4539, 0.7608)^T$	0.0935	1.8307	0.2766	0.1831
2	1.0	$(1.1687, 0.7407)^T$	0.5753	0.3908	0.9661	0.3908
3	10	$(0.9906, 0.8425)^T$	1.5203	0.01926	1.7129	0.1926
4	100	$(0.9507, 0.8875)^T$	1.8917	0.000267	1.9184	0.0267
5	1000	$(0.9461, 0.8934)^T$	1.9405	0.0000028	1.9433	0.0028

由表 3.1 可知，$\mu_5 P(\boldsymbol{x}_{a_5}) = 0.0028 < 0.005 = \varepsilon$，所以原问题的近似极小点为 $\boldsymbol{x}^5 = (0.9461, 0.8934)^T$.

习　题

1. 用黄金分割法找出 $\varphi(\lambda) = e^{-\lambda} + \lambda^2$ 在区间 $[-1, 1]$ 上的极小点，要求 $\varepsilon = 0.5$.

2. 用 0.618 法求函数 $\varphi(\lambda) = -2\lambda^3 + 21\lambda^2 - 60\lambda + 50$ 在 $[0.5, 3.5]$ 上的近似极小点，要求精度 $\varepsilon = 0.5$.

3. 用最速下降法求无约束问题：

$$\min f(x) = \frac{1}{3}x_1^2 + \frac{1}{2}x_2^2$$

要求选取初始点 $\boldsymbol{x}^0 = (3, 2)^{\mathrm{T}}$，作三次迭代.

4. 用最速下降法求无约束问题

$$\min f(x) = x_1^2 + 4x_2^2 - x_1 x_2^2$$

要求选取 $\boldsymbol{x}^0 = (1, 1)^{\mathrm{T}}$，作一次迭代.

5. 考虑问题 $\min f(x) = (1-x_1)^2 + 5(x_2 - x_1^2)^2$，以 $(2, 0)^{\mathrm{T}}$ 为初始点，$\varepsilon = 10^{-6}$，分别用最速下降法和带一维搜索的 Newton 法解之.

6. 用带一维搜索的 Newton 法求解无约束问题

$$\min f(x) = (x_1 - 1)^4 + (x_1 - x_2)^2$$

要求取 $\boldsymbol{x}^0 = (0, 0)^{\mathrm{T}}$，$\varepsilon = 10^{-6}$.

7. 用罚函数方法求以下非线性规划的最优解：

(1) $\min f(x) = x_1^2 + 2x_2^2 + 3x_3^2$

    s. t. $x_1 + x_2 + x_3 = 4$

(2) $\min f(x) = x_1^2 + 2x_2^2$

    s. t. $1 - x_1 - x_2 \leqslant 0$

(3) $\min f(x) = x_1 + x_2$

    s. t. $x_1 - x_2^2 \geqslant 0$

8. 用罚函数方法求解问题

$$\min (x - 1)^2$$
$$\text{s. t. } 2 - x \leqslant 0$$

(1) 分别写出 $\alpha_k = 0, 1, 10$ 时相应的罚函数，并画出它们对应的图形.

(2) 取 $\alpha_k = k - 1$ $(k = 1, 2, \cdots)$，求出近似最优解的迭代序列.

(3) 利用(2)求问题的最优解.

第四章 动态规划

摘要:动态规划是美国应用数学家 Bellman 等人自 1951 年开始发展起来的,它在自动控制、最优设计和生产管理等方面有着广泛的应用.动态规划处理问题的方法,通常先提出所谓最优性原理,根据这个原理可导出动态规划递归方程,然后求其解,通常求出的是总体最优解.用动态规划处理的问题有这样的性质:当任一阶段作出决策后,余下过程构成的子问题与全过程的问题有相同的结构.这样我们可以用最优性原理导出递归关系式.

4.1 动态规划的特征

先举一个例子来说明最短路径问题的求解过程,然后再讨论动态规划的一些重要特征.

4.1.1 最短路径问题

例 4.1 某运输公司要由 A 到 E 运一批物资,其中要经过三级中间站 B_1, B_2, B_3;C_1, C_2, C_3 和 D_1, D_2,其间的距离如图 $4-1$ 所示.求由 A 到 E 的最短路径.

这种最短路径问题的特点是站点可以分级.假设我们已经找到了一条最短路径,从 A 级站经 B 级站、C 级站、D 级站到 E 级站.从这条最短路径上任取一个中间站,在这条最短路径上从这站出发到

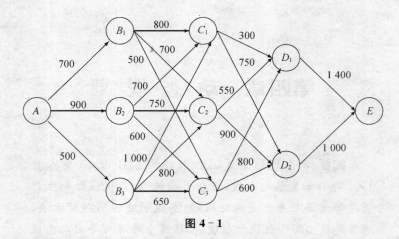

图 4 - 1

终点的子路径,应该还是最优的.我们令 x_k 表示在第 k 阶段所选择的站点,$f_k(x_k)$ 表示由第 k 阶段从 x_k 站点出发到终点的最短路径.由此考虑出发,我们可以采用动态规划的逆向递归方法求解.

阶段 4 首先确定由第 4 阶段站到终点的最短路径.因为第 4 阶段站只有 D_1 和 D_2,我们立刻可得 $f_4(D_1) = 1\,400$,$f_4(D_2) = 1\,000$,其中 $f_4(D_1)$ 和 $f_4(D_2)$ 分别表示在第 4 阶段从 D_1 和 D_2 到终点的最短路径.

阶段 3 由第 3 阶段站到终点的最短路径包括由第 3 阶段站到第 4 阶段站以及由第 4 阶段站到终点的最短路径.例如,由站 C_1 到终点的最短路径是由 C_1 到第 4 阶段的各站及该站(D_1 或 D_2)到终点的最短路径之和的最小值,即

$$f_3(C_1) = \min \begin{cases} d(C_1,\ D_1) + f_4(D_1) = 300 + 1\,400 = 1\,700^* \\ d(C_1,\ D_2) + f_4(D_2) = 750 + 1\,000 = 1\,750 \end{cases} = 1\,700$$

其中 $d(C_1,\ D_1)$ 表示 C_1 和 D_1 间的距离.此外,我们用"$*$"表示达到最小值及其路径. $f_3(C_1) = 1\,700$ 表示在第 3 阶段 C_1 到终点的最短路径.类似地,可以求出 C_2 和 C_3 到终点的最短路径

$$f_3(C_2) = \min \begin{cases} d(C_2, D_1) + f_4(D_1) = 550 + 1\,400 = 1\,950 \\ d(C_2, D_2) + f_4(D_2) = 900 + 1\,000 = 1\,900^* \end{cases} = 1\,900$$

$$f_3(C_3) = \min \begin{cases} d(C_3, D_1) + f_4(D_1) = 800 + 1\,400 = 2\,200 \\ d(C_3, D_2) + f_4(D_2) = 600 + 1\,000 = 1\,600^* \end{cases} = 1\,600$$

于是，我们得到 $f_3(C_1) = 1\,700$，$f_3(C_2) = 1\,900$，$f_3(C_3) = 1\,600$. 这些值在下一阶段中要用到.

阶段2 由第2阶段站到终点的最短路径包括由第2阶段站到第3阶段站以及由第3阶段站到终点的最短路径. 例如，由站 B_1 到终点的最短路径是由 B_1 到第3阶段的各站及该站到终点的最短路径之和的最小值，即

$$f_2(B_1) = \min \begin{cases} d(B_1, C_1) + f_3(C_1) = 800 + 1\,700 = 2\,500 \\ d(B_1, C_2) + f_3(C_2) = 700 + 1\,900 = 2\,600 \\ d(B_1, C_3) + f_3(C_3) = 500 + 1\,600 = 2\,100^* \end{cases} = 2\,100$$

其中 $f_2(B_1) = 2\,100$ 表示在第2阶段 B_1 到终点的最短路径. 类似地，可以求出 B_2 和 B_3 到终点的最短路径:

$$f_2(B_2) = \min \begin{cases} d(B_2, C_1) + f_3(C_1) = 700 + 1\,700 = 2\,400 \\ d(B_2, C_2) + f_3(C_2) = 750 + 1\,900 = 2\,650 \\ d(B_2, C_3) + f_3(C_3) = 600 + 1\,600 = 2\,200^* \end{cases} = 2\,200$$

$$f_2(B_3) = \min \begin{cases} d(B_3, C_1) + f_3(C_1) = 1\,000 + 1\,700 = 2\,700 \\ d(B_3, C_2) + f_3(C_2) = 800 + 1\,900 = 2\,700 \\ d(B_3, C_3) + f_3(C_3) = 650 + 1\,600 = 2\,250^* \end{cases} = 2\,250$$

于是，我们得到 $f_2(B_1) = 2\,100$，$f_2(B_2) = 2\,200$，$f_2(B_3) = 2\,250$.

阶段1 由第1阶段站到终点的最短路径包括由第1阶段站到第2阶段站以及由第2阶段站到终点的最短路径. 由站 A 到终点的最短路径是由 A 到第2阶段的各站及该站到终点的最短路径之和的最小值，即

$$f_1(A) = \min \begin{cases} d(A, B_1) + f_2(B_1) = 700 + 2\,100 = 2\,800 \\ d(A, B_2) + f_2(B_2) = 900 + 2\,200 = 3\,100 \\ d(A, B_3) + f_2(B_3) = 500 + 2\,250 = 2\,750^* \end{cases} = 2\,750$$

于是，我们得到 $f_1(A) = 2\,750$. 这样我们求得由 A 到 E 的最短路径值为 $2\,750$. 追踪回去，可知最短路径为 $A \rightarrow B_3 \rightarrow C_3 \rightarrow D_2 \rightarrow E$.

4.1.2 动态规划的特征

上面的例题是动态规划的一个典型问题. 从这个例题出发，我们来讨论动态规划问题的特征.

特征1 多阶段决策过程.

动态规划将问题分解为多个相互联系的阶段，在每个阶段对子问题作决策. 例如，在上述最短路径问题中，从 A 出发，经过 B 级中间站，C 级中间站，D 级中间站，到达终点站 E. 每经过一级中间站都有一个阶段决策过程.

特征2 在每个阶段有若干个状态.

所谓状态是指在每个阶段作最优决策所需的信息. 例如，在上面的例题中，第3阶段的状态是 C_1，C_2，C_3.

特征3 在每个阶段的决策是决定从当前的状态转移到下阶段的状态.

在上面的例题中，第3阶段的决策是从 C_1（或 C_2，C_3）到某个 D 级站点的转移.

特征4 最优性原理：无论过去的状态和决策，余下决策必须是最优的.

整个过程的最优决策具有上述性质.

特征5 逆向递归.

假设整个过程分解为 T 个阶段，设 $f_k(s_k)$ 为第 k 阶段由状态 s_k 出发到终点的最优值（最短路径），我们用逆向递归：由 $k+1$，$\cdots$，T

阶段的结果推出 $k, k+1, \cdots, T$ 的结果：

$$f_k(s_k) = \min_{s_{k'}}\{d(s_k, s_{k'}) + f_{k+1}(s_{k'})\}$$

其中 $f_{k+1}(s_{k'})$ 是已知的, $s_{k'}$ 是 $k+1$ 阶段的站点, s_k 是 k 阶段的站点, $d(s_k, s_{k'})$ 是从 s_k 到 $s_{k'}$ 转移时的支付(对最短路径问题,它就是路径).

4.1.3　动态规划的计算有效性

　　对于上述的例子,如果不用动态规划方法,我们也不难求出最短路径:即使用穷举法, 总共只有 $3 \times 3 \times 2 = 18$ 条路径. 我们可以计算每条路径的值(加法), 比较其大小(比较), 就可以得到最优解. 当问题略微大一点, 情况就不一样了. 例如, 我们考虑一个最短路径问题有一个起点和一个终点. 中间有 5 个阶段, 每个阶段有 5 个站点 (共 $5 \times 5 + 2 = 27$ 个站点). 对于这个问题, 要 $5^5 \times 5 = 15\,625$ 次加法, 要经 $5^5 - 1 = 3\,124$ 次比较.

　　用动态规划方法, 我们考虑一个 A 到 F 的最短路径问题, 且其过程可分解为如下若干阶段: $B_1, B_2, \cdots, B_5$ 为第 2 阶段的 5 个站, $C_1, C_2, \cdots, C_5$ 为第 3 阶段的 5 个站, $D_1, D_2, \cdots, D_5$ 为第 4 阶段的 5 个站, $E_1, E_2, \cdots E_5$ 为第 5 阶段的 5 个站, $F_1, \cdots, F_5$ 为第 6 阶段的 5 个站, 及终点站 G. 令 $f_k(s_k)$ 为在第 k 阶段从站点 s_k 到终点的最短路径. 为要确定从起点站 A 到终点站 G 的最短路径, 我们从求 $f_6(F_1), f_6(F_2), \cdots, f_6(F_5)$ 出发, 求它们并不需要作加法运算. 下一步求 $f_5(E_1), f_5(E_2), \cdots, f_5(E_5)$. 例如求 $f_5(E_5)$, 我们用下面的方程:

$$f_5(E_5) = \min_{k=1, 2, \cdots, 5}\{d(E_5, F_k) + f_6(F_k)\}$$

即可求得 $f_5(E_5)$, 我们需要 5 次加法运算. 因此, 在第 5 阶段共需 $5 \times 5 = 25$ 次加法运算. 类似地, 在第 4 阶段、在第 3 阶段、在第 2 阶段各需 25 次加法运算. 为了要求 $f_1(A)$, 我们只需 5 次加法运算. 所以,如用动态规划方法，只要 $4 \times 25 + 5 = 105$ 次加法运算. 在每次求 $f_k(s_k)$ 中时求 5 个和的最小值时，我们需要作 $5-1$ 次比较. 再加上求 $f_1(A)$ 的 4 次比较，用动态规划方法只要 $20(5-1)+4 = 84$ 次比较.

阶段和站点数目越多，动态规划方法的优越性就显现得越明显.

4.2 生产—库存问题

4.2.1 多阶段安排生产与库存计划模型

在生产和管理中，常会遇到需要合理安排生产与库存计划，使其达到既满足需要又尽量降低成本的目标. 因此要制定生产和库存计划，确定各阶段的生产量和库存量，使得总生产成本和库存费用的和最小. 为此我们建立多阶段安排生产与库存计划模型如下：

(1) 把考虑的时段分为若干阶段，例如，时段为一年，阶段为若干月、季度等. 在每个阶段的开始，需求量是已知的. 我们可设阶段变量为 k ($k = 1, 2, \cdots, T$). 在阶段开始时应知道这阶段结束时的需求量为 d_k.

(2) 在每个阶段的开始，要确定这阶段的生产量. 设在阶段 k 的生产量为 u_k，这就是决策变量. 通常生产量是有限制的，例如，$0 \leqslant u_k \leqslant q_k$.

(3) 每阶段的库存量与生产量之和应不小于需求量. 设库存量为 x_k，我们可取它为状态变量. 通常库存量是有限制的，例如，$0 \leqslant x_k \leqslant c_k$.

(4) 在阶段 k 结束(接下去阶段 $k+1$ 开始)时，库存量与生产量之和减去需求量后，余下的就是阶段 $k+1$ 开始时的库存量，即我们有下列状态转移方程：

$$x_{k+1} = x_k + u_k - d_k$$

(5) 设每阶段的库存的单位费用为 a，生产产品的单位费用为

b. 此外,还有一笔每阶段的开工费 s_k(如果这阶段不开工,则开工费为 0). 于是,在阶段 k 的总费用 v_k 为:

$$v_k(x_k, u_k) = \begin{cases} a \cdot x_k + b \cdot u_k + s_k, & \text{当 } u_k > 0 \text{ 时} \\ a \cdot x_k, & \text{当 } u_k = 0 \text{ 时} \end{cases}$$

我们的目标是各阶段费用之和达到最小:

$$\min \sum_k v_k$$

(6) 运用动态规划的最优性原理建立逆向递归关系. 记 $f_k(x_k)$ 为从第 k 阶段的状态 x_k 出发到考虑时段结束时全部费用的最小值,则我们有

$$f_k(x_k) = \min_{u_k}\{v_k(x_k, u_k) + f_{k+1}(x_{k+1})\}$$

从 $k = T$ 开始逆向递归,$k = T-1, T-2, \cdots, 1$. 最后求出最优值 $f_1(x_1)$ 及最优策略.

4.2.2 生产与库存计划例题

例 4.2 某工厂要制定一产品的全年四季度的计划. 已知在第 $k = 1, 2, 3, 4$ 季度末的交货量为 $d_k = 1, 3, 2, 4$ 千件. 该厂每季度的固定开工开支 s 为 6 万元(不开工为 0). 每千件每季度的库存的费用为 $a = 1$ 万元,每千件的生产费用为 $b = 2$ 万元. 这工厂生产该产品的最大能力为 $q = 5$ 千件,库存的最大能力为 $c = 5$ 千件. 假定在年初和年末无库存,试制定生产与库存计划使得全年的总费用最小.

解 令 x_k 为阶段 k 开始时的库存量,u_k 为阶段 k 的生产量,则生产与库存计划的数学模型如下:

$$\min \sum_k v_k(x_k, u_k)$$

其中 $v_k(x_k, u_k) = \begin{cases} 1 \cdot x_k + 2 \cdot u_k + 6, & \text{当 } u_k > 0 \text{ 时} \\ 1 \cdot x_k, & \text{当 } u_k = 0 \text{ 时} \end{cases}$ (4.1)

令 $f_k(x_k)$ 为从第 k 阶段开始时的库存量 x_k 出发到考虑时段结束时的全部费用的最小值,利用动态规划的最优性原理,则我们可以得到递归关系: $f_k(x_k) = \min u_k\{v_k(x_k, u_k) + f_{k+1}(x_{k+1})\}$,因此所求问题是 $f_1(x_1)$.

阶段 4 令 $f_4(x_4)$ 为从第 4 阶段开始时的库存量 x_4 出发到考虑时段结束时的全部费用的最小值. 在第 4 阶段,4 季度末的交货量为 $d_4 = 4$(千件),并且 $x_{4+1} = 0 = x_4 + u_4 - 4$. 当库存为 $x_4 = 0, 1, 2, 3, 4$ 时,只有唯一的决策来满足需求,生产量 $u_4 = 4, 3, 2, 1, 0$. 于是,

$$f_4(0) = v_4(0, 4) = 1 \cdot 0 + 2 \cdot 4 + 6 = 14$$
$$f_4(1) = v_4(1, 3) = 1 \cdot 1 + 2 \cdot 3 + 6 = 13$$
$$f_4(2) = v_4(2, 2) = 1 \cdot 2 + 2 \cdot 2 + 6 = 12$$
$$f_4(3) = v_4(3, 1) = 1 \cdot 3 + 2 \cdot 1 + 6 = 11$$
$$f_4(4) = v_4(4, 0) = 1 \cdot 4 + 2 \cdot 0 + 0 = 4$$

阶段 3 令 $f_3(x_3)$ 为从第 3 阶段开始时的库存量 x_3 出发到考虑时段结束时全部费用的最小值. 第 3 阶段的需求为 2 千件,当 $x_3 = 0$ 时,生产量可以为 $u_3 = 2, 3, 4, 5$(由于最大能力限制为 5 千件),我们有

$$f_3(0) = \min \begin{cases} v_3(0, 2) + f_4(0) = 1 \cdot 0 + 2 \cdot 2 + 6 + 14 = 24^* \\ v_3(0, 3) + f_4(1) = 1 \cdot 0 + 2 \cdot 3 + 6 + 13 = 25 \\ v_3(0, 4) + f_4(2) = 1 \cdot 0 + 2 \cdot 4 + 6 + 12 = 26 \\ v_3(0, 5) + f_4(3) = 1 \cdot 0 + 2 \cdot 5 + 6 + 11 = 27 \end{cases}$$

即 $f_3(0) = 24$,对应于 $u_3(0) = 2$. 当 $x_3 = 1$ 时,生产量可以为 $u_3 = 1, 2, 3, 4, 5$,我们有

$$f_3(1) = \min \begin{cases} v_3(1, 1) + f_4(0) = 1 \cdot 1 + 2 \cdot 1 + 6 + 14 = 23 \\ v_3(1, 2) + f_4(1) = 1 \cdot 1 + 2 \cdot 2 + 6 + 13 = 24 \\ v_3(1, 3) + f_4(2) = 1 \cdot 1 + 2 \cdot 3 + 6 + 12 = 25 \\ v_3(1, 4) + f_4(3) = 1 \cdot 1 + 2 \cdot 4 + 6 + 11 = 26 \\ v_3(1, 5) + f_4(4) = 1 \cdot 1 + 2 \cdot 5 + 6 + 4 = 21^* \end{cases}$$

即 $f_3(1) = 21$, 对应于 $u_3(1) = 5$. 当 $x_3 = 2$ 时, 生产量可以为 $u_3 = 0, 1, 2, 3, 4$, 我们有

$$f_3(2) = \min \begin{cases} v_3(2,0) + f_4(0) = 1 \cdot 2 + 2 \cdot 0 + 0 + 14 = 16^* \\ v_3(2,1) + f_4(1) = 1 \cdot 2 + 2 \cdot 1 + 6 + 13 = 23 \\ v_3(2,2) + f_4(2) = 1 \cdot 2 + 2 \cdot 2 + 6 + 12 = 24 \\ v_3(2,3) + f_4(3) = 1 \cdot 2 + 2 \cdot 3 + 6 + 11 = 25 \\ v_3(2,4) + f_4(4) = 1 \cdot 2 + 2 \cdot 4 + 6 + 4 = 20 \end{cases}$$

即 $f_3(2) = 16$, 对应于 $u_3(2) = 0$. 当 $x_3 = 3$ 时, 生产量可以为 $u_3 = 0, 1, 2, 3$, 我们有

$$f_3(3) = \min \begin{cases} v_3(3,0) + f_4(1) = 1 \cdot 3 + 2 \cdot 0 + 0 + 13 = 16^* \\ v_3(3,1) + f_4(2) = 1 \cdot 3 + 2 \cdot 1 + 6 + 12 = 23 \\ v_3(3,2) + f_4(3) = 1 \cdot 3 + 2 \cdot 2 + 6 + 11 = 24 \\ v_3(3,3) + f_4(4) = 1 \cdot 3 + 2 \cdot 3 + 6 + 4 = 19 \end{cases}$$

即 $f_3(3) = 16$, 对应于 $u_3(3) = 0$. 当 $x_3 = 4$ 时, 生产量可以为 $u_3 = 0, 1, 2$, 我们有

$$f_3(4) = \min \begin{cases} v_3(4,0) + f_4(2) = 1 \cdot 4 + 2 \cdot 0 + 0 + 12 = 16^* \\ v_3(4,1) + f_4(3) = 1 \cdot 4 + 2 \cdot 1 + 6 + 11 = 23 \\ v_3(4,2) + f_4(4) = 1 \cdot 4 + 2 \cdot 2 + 6 + 4 = 18 \end{cases}$$

即 $f_3(4) = 16$, 对应于 $u_3(4) = 0$. 当 $x_3 = 5$ 时, 生产量可以为 $u_3 = 0, 1$, 我们有

$$f_3(5) = \min \begin{cases} v_3(5,0) + f_4(3) = 1 \cdot 5 + 2 \cdot 0 + 0 + 11 = 16^* \\ v_3(5,1) + f_4(4) = 1 \cdot 5 + 2 \cdot 1 + 6 + 4 = 17 \end{cases}$$

即 $f_3(5) = 16$, 对应于 $u_3(5) = 0$.

阶段 2 令 $f_2(x_2)$ 为从第 2 阶段开始时的库存量 x_2 出发到考虑时段结束时全部费用的最小值. 第 2 阶段的需求为 3 千件, 当 $x_2 = 0$ 时, 生产量可以为 $u_2 = 3, 4, 5$ (由于最大能力限制为 5 千

件),我们有

$$f_2(0) = \min \begin{cases} v_2(0, 3) + f_3(0) = 1 \cdot 0 + 2 \cdot 3 + 6 + 24 = 36 \\ v_2(0, 4) + f_3(1) = 1 \cdot 0 + 2 \cdot 4 + 6 + 21 = 35 \\ v_2(0, 5) + f_3(2) = 1 \cdot 0 + 2 \cdot 5 + 6 + 16 = 32^* \end{cases}$$

即 $f_2(0) = 32$,对应于 $u_2(0) = 5$. 当 $x_2 = 1$ 时,生产量可以为 $u_2 = 2, 3, 4, 5$,我们有

$$f_2(1) = \min \begin{cases} v_2(1, 2) + f_3(0) = 1 \cdot 1 + 2 \cdot 2 + 6 + 24 = 35 \\ v_2(1, 3) + f_3(1) = 1 \cdot 1 + 2 \cdot 3 + 6 + 21 = 34 \\ v_2(1, 4) + f_3(2) = 1 \cdot 1 + 2 \cdot 4 + 6 + 16 = 31^* \\ v_2(1, 5) + f_3(3) = 1 \cdot 1 + 2 \cdot 5 + 6 + 16 = 33 \end{cases}$$

即 $f_2(1) = 31$,对应于 $u_2(1) = 4$. 当 $x_2 = 2$ 时,生产量可以为 $u_2 = 1, 2, 3, 4, 5$,我们有

$$f_2(2) = \min \begin{cases} v_2(2, 1) + f_3(0) = 1 \cdot 2 + 2 \cdot 1 + 6 + 24 = 34 \\ v_2(2, 2) + f_3(1) = 1 \cdot 2 + 2 \cdot 2 + 6 + 21 = 33 \\ v_2(2, 3) + f_3(2) = 1 \cdot 2 + 2 \cdot 3 + 6 + 16 = 30^* \\ v_2(2, 4) + f_3(3) = 1 \cdot 2 + 2 \cdot 4 + 6 + 16 = 32 \\ v_2(2, 5) + f_3(4) = 1 \cdot 2 + 2 \cdot 5 + 6 + 16 = 34 \end{cases}$$

即 $f_2(2) = 30$,对应于 $u_2(2) = 3$. 当 $x_2 = 3$ 时,生产量可以为 $u_2 = 0, 1, 2, 3, 4, 5$,我们有

$$f_2(3) = \min \begin{cases} v_2(3, 0) + f_3(0) = 1 \cdot 3 + 2 \cdot 0 + 0 + 24 = 27^* \\ v_2(3, 1) + f_3(1) = 1 \cdot 3 + 2 \cdot 1 + 6 + 21 = 32 \\ v_2(3, 2) + f_3(2) = 1 \cdot 3 + 2 \cdot 2 + 6 + 16 = 29 \\ v_2(3, 3) + f_3(3) = 1 \cdot 3 + 2 \cdot 3 + 6 + 16 = 31 \\ v_2(3, 4) + f_3(4) = 1 \cdot 3 + 2 \cdot 4 + 6 + 16 = 33 \\ v_2(3, 5) + f_3(5) = 1 \cdot 3 + 2 \cdot 5 + 6 + 16 = 35 \end{cases}$$

即 $f_2(3) = 27$,对应于 $u_2(3) = 0$. 当 $x_2 = 4$ 时,生产量可以为 $u_3 = 0, 1, 2, 3, 4$,我们有

$$f_2(4) = \min \begin{cases} v_2(4, 0) + f_3(1) = 1 \cdot 4 + 2 \cdot 0 + 0 + 21 = 25^* \\ v_2(4, 1) + f_3(2) = 1 \cdot 4 + 2 \cdot 1 + 6 + 16 = 28 \\ v_2(4, 2) + f_3(3) = 1 \cdot 4 + 2 \cdot 2 + 6 + 16 = 30 \\ v_2(4, 3) + f_3(4) = 1 \cdot 4 + 2 \cdot 3 + 6 + 16 = 32 \\ v_2(4, 4) + f_3(5) = 1 \cdot 4 + 2 \cdot 4 + 6 + 16 = 34 \end{cases}$$

即 $f_2(4) = 25$,对应于 $u_2(4) = 0$. 当 $x_2 = 5$ 时,生产量可以为 $u_2 = 0, 1, 2, 3$,我们有

$$f_2(5) = \min \begin{cases} v_2(5, 0) + f_3(2) = 1 \cdot 5 + 2 \cdot 0 + 0 + 16 = 21^* \\ v_2(5, 1) + f_3(3) = 1 \cdot 5 + 2 \cdot 1 + 6 + 16 = 29 \\ v_2(5, 2) + f_3(4) = 1 \cdot 5 + 2 \cdot 2 + 6 + 16 = 31 \\ v_2(5, 3) + f_3(5) = 1 \cdot 5 + 2 \cdot 3 + 6 + 16 = 33 \end{cases}$$

即 $f_2(5) = 21$,对应于 $u_2(5) = 0$.

阶段 1 令 $f_1(x_1)$ 为从第 1 阶段开始时的库存量 x_1 出发到考虑时段结束时的全部费用的最小值. 第 1 阶段的需求为 1 千件,当 $x_1 = 0$ 时,生产量可以为 $u_1 = 1, 2, 3, 4, 5$(由于最大能力限制为 5 千件),我们有

$$f_1(0) = \min \begin{cases} v_1(0, 1) + f_2(0) = 1 \cdot 0 + 2 \cdot 1 + 6 + 32 = 40^* \\ v_1(0, 2) + f_2(1) = 1 \cdot 0 + 2 \cdot 2 + 6 + 31 = 41 \\ v_1(0, 3) + f_2(2) = 1 \cdot 0 + 2 \cdot 3 + 6 + 30 = 42 \\ v_1(0, 4) + f_2(3) = 1 \cdot 0 + 2 \cdot 4 + 6 + 27 = 41 \\ v_1(0, 5) + f_2(4) = 1 \cdot 0 + 2 \cdot 5 + 6 + 25 = 41 \end{cases}$$

即 $f_1(0) = 40$,对应于 $u_1(0) = 1$.

生产—库存计划安排 由于在开始时无库存,该厂的最优方案花费为 $f_1(0) = 40$ 万元. 在第 1 季度生产 $u_1(0) = 1$ 千件. 第 2 季度

开始时无库存,工厂应生产 $u_2(0) = 5$ 千件. 在第 3 季度开始时的库存量为 $5-3=2$ 千件. 因此,在第 3 季度工厂应生产 $u_3(2) = 0$ 千件,即无需开工. 第 4 季度开始时无库存,工厂应生产 $u_4(0) = 4$ 千件.

4.3 资源分配问题

4.3.1 一般资源分配问题

有限的资源分配到各部门去使得效益最大,这是一般资源分配问题的研究对象. 假设有某种资源数量 w,需分配给 N 个部门. 令 x_k 为分配给第 k 个部门的资源数量,$r_k(x_k)$ 表示分配给第 k 个部门资源数量为 x_k 后所得的效益,$k = 1, 2, \cdots, N$. 我们称 k 为阶段变量. 一旦给出分配方案 $\{x_1, x_2, \cdots, x_N\}$,我们就知道分配的收益 $\{r_1(x_1), r_2(x_2), \cdots, r_N(x_N)\}$. 我们称 $x_1, x_2, \cdots, x_N$ 为状态变量. 如果有一个分配方案,即分给第 k 个部门的数量为 x_k,如这个分配方案满足约束 $x_1+x_2+\cdots+x_N \leqslant w$,则称它是可行的. 资源分配问题是希望求出可行分配方案,使得总效益最大. 于是我们得到下列数学模型:

$$
\begin{aligned}
&\max \sum_{k=1}^{N} r_k(x_k) \\
&\text{s. t. } \sum_{k=1}^{N} x_k \leqslant w \\
&\qquad x_k \geqslant 0, \text{整数} \quad (k = 1, 2, \cdots, N)
\end{aligned}
\tag{4.2}
$$

令 $f_k(d)$ 为分配给第 k 个部门,第 $k+1$ 个部门直到第 N 个部门的资源数量总和为 d 后的最大效益,$d = x_k + \cdots + x_N$. 先考虑分配给第 k 个部门数量为 x_k 的资源,这时分配给第 k 个部门的效益为 $r_k(x_k)$. 然后余下的资源 $d-x_k$ 再分配给第 $k+1$ 个部门、第 $k+2$ 个部门直到第 N 个部门,所得的最大效益为 $f_{k+1}(d-x_k)$,其和为 $r_k(x_k) + f_{k+1}(d-x_k)$. 由动态规划的最优性原理,我们得到

$$f_k(d) = \max_{x_k}\{r_k(x_k) + f_{k+1}(d - x_k)\} \quad (x_k = 0, 1, \cdots, d)$$

$$(4.3)$$

有时候,我们还需加上边界条件:

$$f_{N+1}(d) = 0$$

上述问题可以推广. 令 x_k 为分配水平(不一定是资源本身),$r_k(x_k)$ 为第 k 个部门的效益,$g_k(x_k)$ 为分配给第 k 个部门的资源数量,则一般资源分配问题的数学模型可表述如下:

$$\max \sum_{k=1}^{N} r_k(x_k)$$

$$\text{s. t.} \sum_{k=1}^{N} g_k(x_k) \leqslant w \qquad (4.4)$$

$$x_k \geqslant 0,整数 \quad (k = 1, 2, \cdots, N)$$

4.3.2 投资计划例题

例 4.3 某投资公司有 6 百万元资金,有 3 个可投资的项目. 如何进行投资才能赢得最优的投资方案? 其中投资所得的盈利如表 4.1 所示.

表 4.1 （单位:百万元）

投资\赢利	0	1	2	3	4	5	6
$r_1(x_1)$	0	9	16	23	30	37	44
$r_2(x_2)$	0	10	13	16	19	22	25
$r_3(x_3)$	0	9	13	17	21	25	29

解 设 x_k 表示投资到第 k $(k = 1, 2, 3)$ 个项目的资金数,$r_k(x_k)$ 为投资第 k 个项目资金数为 x_k 百万元后所得的盈利,则该投

资计划的数学模型如下:

$$\max r_1(x_1) + r_2(x_2) + r_3(x_3)$$
$$\text{s. t.} \, x_1 + x_2 + x_3 \leqslant 6$$
$$x_k \geqslant 0, 整数 \quad (k = 1, 2, 3)$$

上述问题我们利用动态规划方法来求解,令 $f_k(d)$ 表示投资到第 k 个项目,第 $k+1$ 个项目直到第 N 个项目资金数为 d 的最大盈利(其中 $k = 1, 2, 3$;$N = 3$),先考虑投资第 k 个项目数量为 x_k 的资金,这时投资到第 k 个项目的盈利为 $r_k(x_k)$,然后余下的资金 $d - x_k$ 再投资给第 $k+1$ 个项目,第 $k+2$ 个项目直到第 N 个项目,所得的最大盈利为 $f_{k+1}(d - x_k)$,其和为 $r_k(x_k) + f_{k+1}(d - x_k)$. 由动态规划的最优性原理,我们可以得到如下递归关系:

$$f_k(d) = \max_{x_k} \{r_k(x_k) + f_{k+1}(d - x_k)\} \quad (x_k = 0, 1, \cdots, d)$$

$$(4.5)$$

对于这个问题最终要求的是 $f_1(6)$.

阶段 3 $f_3(x_3)$ 表示投资第 3 个项目资金数为 x_3 后的最大赢利. 因此在阶段 3 投资的最大赢利为 $f_3(x_3) = r_3(x_3)$. 故得

$$f_3(0) = 0, \, f_3(1) = 9, \, f_3(2) = 13, \, f_3(3) = 17,$$
$$f_3(4) = 21, \, f_3(5) = 25, \, f_3(6) = 29$$

阶段 2 在阶段 2 的计算中要兼顾对项目 2 和 3 投资的. $f_2(d)$ 表示投资第 2 个项目,第 3 个项目资金数为 d 后的最大赢利,则

$$f_2(d) = \max_{x_2} \{r_2(x_2) + f_3(d - x_2)\}$$

显然,当 $d = 0$ 时,$r_2(0) = 0$,$f_3(0) = 0$,故 $f_2(0) = 0$. 下面来计算 $f_2(1)$. 这时 x_2 的可能取值为 1 和 0.

$$f_2(1) = \max \begin{cases} r_2(0) + f_3(1-0) = 0 + 9 = 9, & x_2 = 0 \\ r_2(1) + f_3(1-1) = 10 + 0 = 10^*, & x_2 = 1 \end{cases}$$

即 $f_2(1) = 10$,对应的投资为 $x_2(1) = 1$. 在计算 $f_2(2)$ 时 x_2 的可能取值为 2, 1 和 0.

$$f_2(2) = \max \begin{cases} r_2(0) + f_3(2-0) = 0 + 13 = 13, & x_2 = 0 \\ r_2(1) + f_3(2-1) = 10 + 9 = 19^*, & x_2 = 1 \\ r_2(2) + f_3(2-2) = 13 + 0 = 13, & x_2 = 2 \end{cases}$$

即 $f_2(2) = 19$,对应的投资为 $x_2(2) = 1$. 在计算 $f_2(3)$ 时 x_2 的可能取值为 3, 2, 1 和 0.

$$f_2(3) = \max \begin{cases} r_2(0) + f_3(3-0) = 0 + 17 = 17, & x_2 = 0 \\ r_2(1) + f_3(3-1) = 10 + 13 = 23^*, & x_2 = 1 \\ r_2(2) + f_3(3-2) = 13 + 9 = 22, & x_2 = 2 \\ r_2(3) + f_3(3-3) = 16 + 0 = 16, & x_2 = 3 \end{cases}$$

即 $f_2(3) = 23$,对应的投资为 $x_2(3) = 1$. 在计算 $f_2(4)$ 时 x_2 的可能取值为 4, 3, 2, 1 和 0.

$$f_2(4) = \max \begin{cases} r_2(0) + f_3(4-0) = 0 + 21 = 21, & x_2 = 0 \\ r_2(1) + f_3(4-1) = 10 + 17 = 27^*, & x_2 = 1 \\ r_2(2) + f_3(4-2) = 13 + 13 = 26, & x_2 = 2 \\ r_2(3) + f_3(4-3) = 16 + 9 = 25, & x_2 = 3 \\ r_2(4) + f_3(4-4) = 19 + 0 = 19, & x_2 = 4 \end{cases}$$

即 $f_2(4) = 27$,对应的投资为 $x_2(4) = 1$. 在计算 $f_2(5)$ 时 x_2 的可能取值为 5, 4, 3, 2, 1 和 0.

$$f_2(5) = \max \begin{cases} r_2(0) + f_3(5-0) = 0 + 25 = 25, & x_2 = 0 \\ r_2(1) + f_3(5-1) = 10 + 21 = 31^*, & x_2 = 1 \\ r_2(2) + f_3(5-2) = 13 + 17 = 30, & x_2 = 2 \\ r_2(3) + f_3(5-3) = 16 + 13 = 29, & x_2 = 3 \\ r_2(4) + f_3(5-4) = 19 + 9 = 28, & x_2 = 4 \\ r_2(5) + f_3(5-5) = 22 + 0 = 22, & x_2 = 5 \end{cases}$$

即 $f_2(5) = 31$,对应的投资为 $x_2(5) = 1$. 在计算 $f_2(6)$ 时 x_2 的可能取值为 6,5,4,3,2,1 和 0.

$$f_2(6) = \max \begin{cases} r_2(0) + f_3(6-0) = 0 + 29 = 29, & x_2 = 0 \\ r_2(1) + f_3(6-1) = 10 + 25 = 35^*, & x_2 = 1 \\ r_2(2) + f_3(6-2) = 13 + 21 = 34, & x_2 = 2 \\ r_2(3) + f_3(6-3) = 16 + 17 = 33, & x_2 = 3 \\ r_2(4) + f_3(6-4) = 19 + 13 = 32, & x_2 = 4 \\ r_2(5) + f_3(6-5) = 22 + 9 = 31, & x_2 = 5 \\ r_2(6) + f_3(6-6) = 25 + 0 = 25, & x_2 = 6 \end{cases}$$

即 $f_2(6) = 35$,对应的投资为 $x_2(6) = 1$.

阶段 1   在阶段 1,我们要计算 $f_1(6)$:

$$f_1(6) = \max_{x_1}\{r_1(x_1) + f_2(6 - x_1)\}$$
$$(x_1 = 0, 1, \cdots, 6) \tag{4.6}$$

我们有

$$f_1(6) = \max \begin{cases} r_1(0) + f_2(6-0) = 0 + 35 = 35, & x_1 = 0 \\ r_1(1) + f_2(6-1) = 9 + 31 = 40, & x_1 = 1 \\ r_1(2) + f_2(6-2) = 16 + 27 = 43, & x_1 = 2 \\ r_1(3) + f_2(6-3) = 23 + 23 = 46, & x_1 = 3 \\ r_1(4) + f_2(6-4) = 30 + 19 = 49^*, & x_1 = 4 \\ r_1(5) + f_2(6-5) = 37 + 10 = 47, & x_1 = 5 \\ r_1(6) + f_2(6-6) = 44 + 0 = 44, & x_1 = 6 \end{cases}$$

即 $f_1(6) = 49$,对应的投资为 $x_1(6) = 4$.

投资方案   因为 $x_1(6) = 4$,故投资第 1 个项目 4 百万元,余下的 2 百万元投资在第 2 和第 3 个项目上. 要得到赢利 49 百万元,即取 $f_2(2) = 19$, 这时,$x_2(2) = 1$,即投资在第 2 个项目上 1 百万元. 余下的 1 百万元投资在第 3 个项目上.

4.3.3 背包问题

例 4.4 一个徒步旅行者有一个可放 10 kg 物品的背包,想装 3 种物品,其重量和使用价值如表 4.2 所示.

表 4.2

物 品	重量/kg	使 用 价 值
物品 1	4	11
物品 2	3	7
物品 3	5	12

问他应该如何选择这 3 种物品的件数,使得使用价值为最大?

解 令 x_k 表示在背包中放置第 k 种物品的数量,$r_k(x_k)$ 表示在背包中放置第 k 种物品其数量为 x_k 件后所得的使用价值,则该背包问题的数学模型如下:

$$\max r_1(x_1) + r_2(x_2) + r_3(x_3)$$
$$\text{s. t. } a_1x_1 + a_2x_2 + a_3x_3 \leqslant 10$$
$$x_k \geqslant 0, 整数 \quad (k=1, 2, 3)$$

其中 $r_1(x_1) = 11x_1$,$r_2(x_2) = 7x_2$,$r_3(x_3) = 12x_3$;$a_1 = 4$,$a_2 = 3$,$a_3 = 5$.令 $f_k(d)$ 表示背包中放置第 k 种物品,第 $k+1$ 种物品直到第 N 种物品,而且总重量不超过 $d(\text{kg})$ 的最大使用价值(其中 $k=1, 2, 3$;$N=3$).先考虑背包中放置第 k 种物品其数量为 x_k 件,这时放置第 k 物品的使用价值为 $r_k(x_k)$,然后余下物品的重量 $d-a_kx_k$ 再分配给第 $k+1$ 个物品、第 $k+2$ 个物品直到第 N 个物品,所得的最大使用价值为 $f_{k+1}(d-a_kx_k)$,其和为 $r_k(x_k) + f_{k+1}(d-a_kx_k)$.由动态规划的最优性原理,可得如下递归关系式:

$$f_k(d) = \max_{x_k}\{r_k(x_k) + f_{k+1}(d - a_k x_k)\} \qquad (4.7)$$

对于这个问题我们最终要求的是 $f_1(10)$.

阶段 3

$$f_3(d) = \max_{x_3}\{12x_3\}$$

其中 $5x_3 \leqslant d$, 且 x_3 是非负整数.

当 $d = 10$ 时, x_3 可以取 0, 1, 2(以满足约束 $5x_3 \leqslant 10$, x_3 是非负整数). 从而得 $f_3(10) = 12 \times 2 = 24$. 当 $d = 9, 8, 7, 6, 5$ 时, x_3 可以取 0, 1(以满足约束 $5x_3 \leqslant d$, x_3 是非负整数). 从而得 $f_3(9) = f_3(8) = f_3(7) = f_3(6) = f_3(5) = 12 \times 1 = 12$. 当 $d = 4, 3, 2, 1, 0$ 时, x_3 只可以取 0(以满足约束 $5x_3 \leqslant d$, x_3 是非负整数). 从而得 $f_3(4) = f_3(3) = f_3(2) = f_3(1) = f_3(0) = 12 \times 0 = 0$. 于是, 我们有

$$f_3(10) = 24, \ f_3(9) = \cdots = f_3(5) = 12,$$
$$f_3(4) = \cdots = f_3(0) = 0$$
$$x_3(10) = 2, \ x_3(9) = \cdots = x_3(5) = 1,$$
$$x_3(4) = \cdots = x_3(0) = 0$$

阶段 2

$$f_2(d) = \max_{x_2}\{7x_2 + f_3(d - 3x_2)\} \qquad (4.8)$$

其中 $3x_2 \leqslant d$, 且 x_2 是非负整数.

我们得出

$$f_2(10) = \max \begin{cases} 7 \cdot 0 + f_3(10) = 24^*, & x_2 = 0 \\ 7 \cdot 1 + f_3(7) = 19, & x_2 = 1 \\ 7 \cdot 2 + f_3(4) = 14, & x_2 = 2 \\ 7 \cdot 3 + f_3(1) = 21, & x_2 = 3 \end{cases}$$

于是, $f_2(10) = 24$, $x_2(10) = 0$.

$$f_2(9) = \max \begin{cases} 7 \cdot 0 + f_3(9) = 12, \ x_2 = 0 \\ 7 \cdot 1 + f_3(6) = 19, \ x_2 = 1 \\ 7 \cdot 2 + f_3(3) = 14, \ x_2 = 2 \\ 7 \cdot 3 + f_3(0) = 21^*, \ x_2 = 3 \end{cases}$$

于是, $f_2(9) = 21$, $x_2(9) = 3$.

$$f_2(8) = \max \begin{cases} 7 \cdot 0 + f_3(8) = 12, \ x_2 = 0 \\ 7 \cdot 1 + f_3(5) = 19^*, \ x_2 = 1 \\ 7 \cdot 2 + f_3(2) = 14, \ x_2 = 2 \end{cases}$$

于是, $f_2(8) = 19$, $x_2(8) = 1$.

$$f_2(7) = \max \begin{cases} 7 \cdot 0 + f_3(7) = 12, \ x_2 = 0 \\ 7 \cdot 1 + f_3(4) = 7, \ x_2 = 1 \\ 7 \cdot 2 + f_3(1) = 14^*, \ x_2 = 2 \end{cases}$$

于是, $f_2(7) = 14$, $x_2(7) = 2$.

$$f_2(6) = \max \begin{cases} 7 \cdot 0 + f_3(6) = 12, \ x_2 = 0 \\ 7 \cdot 1 + f_3(3) = 7, \ x_2 = 1 \\ 7 \cdot 2 + f_3(0) = 14^*, \ x_2 = 2 \end{cases}$$

于是, $f_2(6) = 14$, $x_2(6) = 2$.

$$f_2(5) = \max \begin{cases} 7 \cdot 0 + f_3(5) = 12^*, \ x_2 = 0 \\ 7 \cdot 1 + f_3(2) = 7, \ x_2 = 1 \end{cases}$$

于是, $f_2(5) = 12$, $x_2(5) = 0$.

$$f_2(4) = \max \begin{cases} 7 \cdot 0 + f_3(4) = 0, \ x_2 = 0 \\ 7 \cdot 1 + f_3(1) = 7^*, \ x_2 = 1 \end{cases}$$

于是, $f_2(4) = 7$, $x_2(4) = 1$.

$$f_2(3) = \max \begin{cases} 7 \cdot 0 + f_3(3) = 0, \ x_2 = 0 \\ 7 \cdot 1 + f_3(0) = 7^*, \ x_2 = 1 \end{cases}$$

于是, $f_2(3) = 7$, $x_2(3) = 1$.

$$f_2(2) = 7 \cdot 0 + f_3(2) = 0, \ x_2 = 0$$

于是, $f_2(2) = 0$, $x_2(2) = 0$.

$$f_2(1) = 7 \cdot 0 + f_3(1) = 0, \ x_2 = 0$$

于是, $f_2(1) = 0$, $x_2(1) = 0$.

$$f_2(0) = 7 \cdot 0 + f_3(0) = 0, \ x_2 = 0$$

于是, $f_2(0) = 0$, $x_2(0) = 0$.

阶段 1

$$f_1(d) = \max_{x_1}\{11x_1 + f_2(d - 4x_1)\} \tag{4.9}$$

其中 $4x_1 \leqslant d$, 且 x_1 是非负整数.

最后, 我们来确定 $f_1(10)$:

$$f_1(10) = \max \begin{cases} 11 \cdot 0 + f_2(10) = 24, \ x_1 = 0 \\ 11 \cdot 1 + f_2(6) = 25^*, \ x_1 = 1 \\ 11 \cdot 2 + f_2(2) = 22, \ x_1 = 2 \end{cases}$$

于是, $f_1(10) = 25$, $x_1(10) = 1$. 因此, 背包中应包括一件物品 1. 这时, 背包中余下 $10 - 4 = 6\,\mathrm{kg}$ 可装物品 2 和物品 3. 由于 $x_2(6) = 2$, 故背包中应包括两件物品 2. 这时, 背包中余下 $6 - 2 \cdot 3 = 0\,\mathrm{kg}$ 可装物品 3, $x_3(0) = 0$, 也就是不放物品 3.

4.4 设备更新问题

4.4.1 设备更新模型

一台设备在比较新时, 收益好, 维修费用少. 随着使用年限增加, 收益就会减少, 维修费用会增加. 如果更新该设备, 要支付一笔购买费用. 为了比较决策 (更新 (R) 或维修 (K)) 好坏, 需要在一个较长的时间内来考虑.

设 $r_k(s_k)$ 为在第 k 年设备役龄为 s_k 年,再使用 1 年的效益,$u_k(s_k)$ 为在第 k 年设备役龄为 s_k 年,再使用 1 年的维修费用,$c_k(s_k)$ 为在第 k 年役龄为 s_k 年设备的更新净费用(添置新设备卖掉旧设备的差价). 考虑阶段为 $k = 1, 2, \cdots, n$. 问题的状态变量为役龄 s_k,决策变量为 $x_k(R$ 或 $K)$.

容易看出,第 k 年的收益为

$$v_k(s_k, x_k) = \begin{cases} r_k(s_k) - u_k(s_k), & \text{若 } x_k = K \\ r_k(0) - u_k(0) - c_k(s_k), & \text{若 } x_k = R \end{cases}$$

令 $f_k(s_k)$ 为第 k 年初一台役龄为 s_k 的设备到第 n 年末的最大收益,则由动态规划的最优性原理可得下列逆向递归方程:

$$f_k(s_k) = \max_{x_k = K, R} \{v_k(s_k, x_k) + f_{k+1}(s_{k+1})\}$$
$$(k = n, n-1, \cdots, 1) \tag{4.10}$$

4.4.2 例题

例 4.5 设某新设备的年效益,年维修费用和更新净费用如表 4.3 所示(单位:百万元). 试确定今后 5 年内的更新策略使得总收益最大.

表 4.3

役龄 s_k	0	1	2	3	4	5
$r_k(s_k)$	10	9	8	7.5	6	5
$u_k(s_k)$	1	2	3	4	5	6
$c_k(s_k)$	1	3	4.5	5	6	7

解 设备更新问题数学模型为

$$\max \sum_k v_k(s_k, x_k)$$

其中 $v_k(s_k, x_k) = \begin{cases} r_k(s_k) - u_k(s_k), & \text{若 } x_k = K \\ r_k(0) - u_k(0) - c_k(s_k), & \text{若 } x_k = R \end{cases}$

$$(4.11)$$

利用动态规划的最优性原理,我们可以用逆向递归方法来求最优解. 令 $f_k(s_k)$ 为第 k 年初一台役龄为 s_k 的设备到第 5 年末的最大收益,则可得下列递归方程: $f_k(s_k) = \max_{x_k = K, R} \{v_k(s_k, x_k) + f_{k+1}(s_{k+1})\}$, $(k = 5, 4, \cdots, 1)$. 最后我们要求的是 $f_1(s_k)$. 在计算中,我们需要对应于各种的役龄收益值如表 4.4 所示.

表 4.4

役　　龄 s_k	0	1	2	3	4	5
$r_k(s_k) - u_k(s_k)$	9	7	5	3.5	1	-1
$r_k(0) - u_k(0) - c_k(s_k)$	8	6	4.5	4	3	2

阶段 5 求 $f_5(s_k)$,其中 $s_k = 1, 2, 3, 4$.

$$f_5(1) = \max \begin{cases} r_5(1) - u_5(1) = 7^*, & x_5(1) = K \\ r_5(0) - u_5(0) - c_5(1) = 6, & x_5(1) = R \end{cases}$$

$$f_5(2) = \max \begin{cases} r_5(2) - u_5(2) = 5^*, & x_5(2) = K \\ r_5(0) - u_5(0) - c_5(2) = 4.5, & x_5(2) = R \end{cases}$$

$$f_5(3) = \max \begin{cases} r_5(3) - u_5(3) = 3.5, & x_5(3) = K \\ r_5(0) - u_5(0) - c_5(3) = 4^*, & x_5(3) = R \end{cases}$$

$$f_5(4) = \max \begin{cases} r_5(4) - u_5(4) = 1, & x_5(4) = K \\ r_5(0) - u_5(0) - c_5(4) = 3^*, & x_5(4) = R \end{cases}$$

阶段 4 求 $f_4(s_k)$,其中 $s_k = 1, 2, 3$.

$f_4(1) =$

$$\max \begin{cases} r_4(1) - u_4(1) + f_5(2) = 7 + 5 = 12, & x_4(1) = K \\ r_4(0) - u_4(0) - c_4(1) + f_5(1) = 6 + 7 = 13^*, & x_4(1) = R \end{cases}$$

$f_4(2) =$

$$\max \begin{cases} r_4(2) - u_4(2) + f_5(3) = 5 + 4 = 9, & x_4(2) = K \\ r_4(0) - u_4(0) - c_4(2) + f_5(1) = 4.5 + 7 = 11.5^*, & x_4(2) = R \end{cases}$$

$f_4(3) =$

$$\max \begin{cases} r_4(3) - u_4(3) + f_5(4) = 3.5 + 3 = 6.5, & x_4(3) = K \\ r_4(0) - u_4(0) - c_4(3) + f_5(1) = 4 + 7 = 11^*, & x_4(3) = R \end{cases}$$

阶段 3 求 $f_3(s_k)$, 其中 $s_k = 1, 2$.

$f_3(1) =$

$$\max \begin{cases} r_3(1) - u_3(1) + f_4(2) = 7 + 11.5 = 18.5, & x_3(1) = K \\ r_3(0) - u_3(0) - c_3(1) + f_4(1) = 6 + 13 = 19^*, & x_3(1) = R \end{cases}$$

$f_3(2) =$

$$\max \begin{cases} r_3(2) - u_3(2) + f_4(3) = 5 + 11 = 16, & x_3(2) = K \\ r_3(0) - u_3(0) - c_3(2) + f_4(1) = 4.5 + 13 = 17.5^*, & x_3(2) = R \end{cases}$$

阶段 2 求 $f_2(s_k)$, 其中 $s_k = 1$.

$f_2(1) =$

$$\max \begin{cases} r_2(1) - u_2(1) + f_3(2) = 7 + 17.5 = 24.5, & x_2(1) = K \\ r_2(0) - u_2(0) - c_2(1) + f_3(1) = 6 + 19 = 25^*, & x_2(1) = R \end{cases}$$

阶段 1 求 $f_1(s_k)$, 其中 $s_k = 0$.

$f_1(0) =$

$$\max \begin{cases} r_1(0) - u_1(0) + f_2(1) = 9 + 25 = 34^*, & x_1(0) = K \\ r_1(0) - u_1(0) - c_1(0) + f_2(1) = 8 + 25 = 33, & x_1(0) = R \end{cases}$$

设备更新计划 由于 $f_1(0) = 34$,故设备更新最佳计划的收益为 34 百万元. 用逆向递推可得更新计划:由 $f_1(0) = 34$ 得知 $x_1(0) = K$, $f_2(1) = 25$,再得知 $x_2(1) = R$, $f_3(1) = 19$,再推得 $x_3(1) = R$, $f_4(1) = 13$,再推得 $x_4(1) = R$, $f_5(1) = 7$,最后得知 $x_5(1) = K$.

4.5 动态规划的基本方程

4.5.1 基本定理

为了更一般地讨论动态规划问题,我们这里先介绍一些基本的概念.

(1) 多阶段决策过程:可将这类过程分成若干个互相联系的阶段,在它的每个阶段都需做出决策,从而使整个过程达到最好的效果.

(2) 阶段:阶段是整个过程的自然划分,通常按时间顺序或空间特征划分阶段.

(3) 状态:每个阶段开始时所处的自然状况或客观条件. 用 s_k 表示第 k 阶段的状态变量.

(4) 决策:当过程处于某个阶段的某个状态时,可以做出不同的决定,从而确定下一阶段的状态,这种决定称为决策. 用 $u_k(s_k)$ 表示第 k 阶段当状态处于 s_k 时的决策变量,$D_k(s_k)$ 表示第 k 阶段从状态 s_k 出发的允许决策集合.

(5) 策略:一个按顺序排列的决策组成的集合.

k 子过程策略 $P_{k,n}(s_k) = u_k(s_k), u_{k+1}(s_{k+1}), \cdots, u_n(s_n)$,$P$ 表示允许策略集合. 当 $k = 1$ 时,$P_{1,n}(s_1)$ 为全过程的一个策略.

(6) 状态转移方程:确定由一个状态到另一个状态的演变过程,可以写成:$s_{k+1} = T_k(s_k, u_k)$,其中 T_k 是状态转移函数.

(7) 指标函数:用来衡量所实现过程优劣的一种数量指标:

$$V_{k,n} = V_{k,n}(s_k, u_k, s_{k+1}, \cdots, s_{n+1}) \quad (k = 1, 2, \cdots, n)$$

在不同的问题中,指标函数的含义是不同的,可能是距离、利润、成本、产品的产量或资源消耗等.

(8) 最优值函数 $f_k(s_k)$:指标函数的最优值,表示从第 k 阶段的状态 s_k 开始到第 n 阶段的终止状态的过程采取最优策略所得到指标函数的最优值.

$$f_k(s_k) = \mathop{\mathrm{opt}}_{u_k, \cdots, u_n} V_{k,n}(s_k, u_k, \cdots, s_{n+1}) \qquad (4.12)$$

最优性原理 设阶段数为 n 的多阶段决策过程,其阶段编号为 $k = 0, 1, \cdots, n-1$,允许策略 $P_{0,n-1}^* = (u_0^*, u_1^*, \cdots, u_{n-1}^*)$ 为最优策略的充要条件是对任意一个 k, $0 < k < n-1$ 和 $s_0 \in S_0$,

$$V_{0,n-1}(s_0, P_{0,n-1}^*) = \mathop{\mathrm{opt}}_{P_{0,k-1} \in P_{0,k-1}(s_0)} \left\{ V_{0,k-1}(s_0, P_{0,k-1}) + \mathop{\mathrm{opt}}_{P_{k,n-1} \in P_{k,n-1}(s_k)} V_{k,n-1}(s_k, P_{k,n-1}) \right\}$$

其中, $P_{0,n-1} = (P_{0,k-1}, P_{k,n-1})$, $s_k = T_{k-1}(s_{k-1}, u_{k-1})$ 是由给定的初始状态 s_0 和子策略 $P_{0,k-1}$ 所确定的第 k 阶段状态.

推论 若允许策略 $P_{0,n-1}^*$ 是最优策略,则对任意的 k, $0 < k < n-1$,它的子策略 $P_{k,n-1}^*$ 对于以 $s_k^* = T_{k-1}(s_{k-1}^*, u_{k-1}^*)$ 为起点的 k 到 $n-1$ 子过程来说必是最优策略.

4.5.2 基本公式

我们考虑如下的 n 阶段决策过程,其中取状态变量为 $s_1, s_2, \cdots, s_{n+1}$,决策变量为 $x_1, x_2, \cdots, x_n$,在第 k 阶段,决策 x_k 时状态 s_k 转移为 s_{k+1}.设状态转移方程为 $s_{k+1} = T_k(s_k, x_k)$ $(k=1, 2, \cdots, n)$.假定过程的总指标函数与各阶段指标函数为 $V_{1,n} = v_1(s_1, x_1) * v_2(s_2, x_2) * \cdots * v_n(s_n, x_n)$,其中"$*$"为"$+$"或"$\times$",求 opt $V_{1,n}$.

1. 逆推解法

设已知初始状态为 s_1,且假定最优值函数 $f_k(s_k)$ 表示第 k 阶段的初始状态为 s_k,从 k 阶段到 n 阶段所得到的最大效益.

从第 n 阶段开始，

$$f_n(s_n) = \max_{x_n \in D_n(s_n)} V_n(s_n, x_n)$$

求解得到最优解 $x_n = x_n(s_n)$ 和最优值 $f_n(s_n)$.

在第 $n-1$ 阶段，

$$f_{n-1}(s_{n-1}) = \max_{x_{n-1} \in D_n(s_{n-1})} [V_{n-1}(s_{n-1}, x_{n-1}) * f_n(s_n)]$$

其中 $s_n = T_{n-1}(s_{n-1}, x_{n-1})$，解此一维极值问题，得 $x_{n-1} = x_{n-1}(s_{n-1})$ 和 $f_{n-1}(s_{n-1})$.

在第 k 阶段，

$$f_k(s_k) = \max_{x_k \in D_k(s_k)} [V_k(s_k, x_k) * f_{k+1}(s_{k+1})]$$

其中 $s_{k+1} = T_k(s_k, x_k)$，解得最优解 $x_k = x_k(s_k)$ 和最优值 $f_k(s_k)$.

以此类推直到第一阶段：

$$f_1(s_1) = \max_{x_1 \in D_1(s_1)} [V_1(s_1, x_1) * f_2(s_2)]$$

其中 $s_2 = T_1(s_1, x_1)$，解得最优解 $x_1 = x_1(s_1)$ 和最优值 $f_1(s_1)$.

由于初始状态 s_1 已知，故 $x_1 = x_1(s_1)$ 和 $f_1(s_1)$ 已确定，从而 $s_2 = T_1(s_1, x_1)$ 也可确定，于是 $x_2 = x_2(s_2)$ 和 $f_2(s_2)$ 也可确定. 这样，以上述递推过程相反的顺序推算下去，就可以逐步确定出每个阶段的决策及效益.

2. 顺推解法

设已知终止状态 s_{n+1}，并且假定最优值函数 $f_k(s_{k+1})$ 表示第 k 阶段末的结束状态为 s_{k+1}，从第 1 阶段到第 k 阶段所得到的最大收益. 此时，$s_k = T_k^*(s_{k+1}, x_k)$.

从第 1 阶段开始有

$$f_1(s_2) = \max_{x_1 \in D_1(s_1)} V_1(s_1, x_1)$$

其中 $s_1 = T_1^*(s_2, x_1)$，解得最优解 $x_1 = x_1(s_2)$ 和最优值 $f_1(s_2)$.

在第 2 阶段, 有

$$f_2(s_3) = \max_{x_2 \in D_2(s_2)} [V_2(s_2, x_2) * f_1(s_2)]$$

其中 $s_2 = T_2^*(s_3, x_2)$, 解得最优解 $x_2 = x_2(s_3)$ 和最优值 $f_2(s_3)$.

以此类推直到第 n 阶段, 有

$$f_n(s_{n+1}) = \max_{x_n \in D_n(s_n)} [V_n(s_n, x_n) * f_{n-1}(s_n)]$$

其中 $s_n = T_n^*(s_{n+1}, x_n)$, 解得最优解 $x_n = x_n(s_{n+1})$ 和最优值 $f_n(s_{n+1})$.

由于终止状态 s_{n+1} 是已知的, 故 x_n 和 $f_n(s_{n+1})$ 是确定的, 从而 $s_n = T_n^*(s_{n+1}, x_n)$ 也可以确定, 故 $x_{n-1} = x_{n-1}(s_n)$ 和 $f_{n-1}(s_n)$ 也可确定. 以计算过程的相反顺序推算上去, 就可以逐步地确定出每阶段的决策及效益.

4.5.3 非线性整数规划问题的求解实例

对于单约束, 目标函数是可分离的非线性整数规划问题, 只要我们适当引入阶段变量、状态变量、决策变量等, 就可以运用动态规划的最优性原理, 从而得到递归关系来求解.

例 4.6 使用动态规划逆推递归关系求解下列非线性整数规划:

$$\max 8x_1^2 + 4x_2^2 + x_3^3$$

$$\text{s. t. } 2x_1 + x_2 + 10x_3 = 10$$

$$x_1, x_2, x_3 \geqslant 0, \text{整数}$$

解 先划分阶段, 确定状态变量、决策变量和状态转移方程, 将上述非线性整数规划问题化为多阶段决策过程动态规划问题. 按变量个数划分阶段, 把上述规划看作 3 阶段决策过程的动态规划问题. 设状态变量为 s_1, s_2, s_3, s_4, 如果把约束条件看作资源限制, 则 s_k 表示分配给第 k 阶段到最后阶段的资源数量, 显然 $s_1 = 10$. 原有变量 x_1, x_2, x_3 作为决策变量. 状态转移方程为: $0 = s_4 = s_3 -$

$10x_3$，$s_3 = s_2 - x_2$，$s_2 = s_1 - 2x_1$. 指标函数 $V_{k,3} = \sum_{i=k}^{3} v_i(x_i)$，其中 $v_1(x_1) = 8x_1^2$，$v_2(x_2) = 4x_2^2$，$v_3(x_3) = x_3^3$. 由动态规划的最优性原理得递归关系的基本方程如下：

$$\begin{cases} f_k(s_k) = \max_{x_k \in D_k(s_k)} \{v_k(x_k) + f_{k+1}(s_{k+1})\} & (k = 3, 2, 1) \\ f_4(s_4) = 0 \end{cases}$$

其中 $D_k(s_k)$ 是从 s_k 出发的允许策略集合.

当 $k = 3$ 时，

$$f_3(s_3) = \max_{x_3 = \frac{1}{10}s_3} \{v_3(x_3) + f_4(s_4)\}$$

$$= \max_{x_3 = \frac{1}{10}s_3} x_3^3 = \frac{1}{10^3} s_3^3, \ x_3^* = \frac{1}{10} s_3 \qquad (4.13)$$

当 $k = 2$ 时，

$$f_2(s_2) = \max_{0 \leqslant x_2 \leqslant s_2} \{v_2(x_2) + f_3(s_3)\} = \max_{0 \leqslant x_2 \leqslant s_2} \left\{ 4x_2^2 + \frac{1}{10^3} s_3^3 \right\}$$

$$= \max_{0 \leqslant x_2 \leqslant s_2} \left\{ 4x_2^2 + \frac{1}{10^3} (s_2 - x_2)^3 \right\}$$

记 $g(x_2) = 4x_2^2 + \frac{1}{10^3}(s_2 - x_2)^3$，则有 $g'(x_2) = 8x_2 - \frac{3}{10^3}(s_2 - x_2)^2$，

$g''(x_2) = 8 + \frac{6}{10^3}(s_2 - x_2) > 0$，所以 $g(x_2)$ 是凸函数，极大值必在 $[0, s_2]$ 的区间端点达到，显然，极大点 $x_2^* = s_2$，$f_2(s_2) = 4s_2^2$.

当 $k = 1$ 时，

$$f_1(s_1) = \max_{0 \leqslant x_1 \leqslant \frac{1}{2}s_1} \{v_1(x_1) + f_2(s_2)\}$$

$$= \max_{0 \leqslant x_1 \leqslant \frac{1}{2}s_1} \{8x_1^2 + 4(s_1 - 2x_1)^2\} \qquad (4.14)$$

最大值点 $x_1^* = 0$,最大值 $f_1(s_1) = 4s_1^2 = 400$. 再由前向后推,由 $s_1 = 10$, $x_1^* = 0$ 得到 $s_2 = s_1 - 2x_1^* = 10$;由 $s_2 = 10$, $x_2^* = s_2 = 10$,利用状态转移方程得到 $s_3 = s_2 - x_2^* = 10 - 10 = 0$, $x_3^* = \frac{1}{10}s_3 = 0$.问题的最优解是 $x_1^* = 0$, $x_2^* = 10$, $x_3^* = 0$;最大值为 $f_1(s_1) = 400$.

例 4.7　使用动态规划方法的顺推递归关系求解例 4.6 的非线性整数规划.

解　将例 4.6 的非线性整数规划转化为 3 阶段决策过程的动态规划问题,设状态变量为 s_1, s_2, s_3, s_4,其中 $s_4 = 10$,表示分配给 3 个阶段的总资源,状态转移方程是 $s_1 = s_2 - 2x_1$, $s_2 = s_3 - x_2$, $s_3 = s_4 - 10x_3 = 10 - 10x_3$. 由动态规划的最优性原理得顺推递归关系的基本方程如下:

$$\begin{cases} f_k(s_{k+1}) = \max_{x_k \in D_k(s_{k+1})} \{v_k(x_k) + f_{k-1}(s_k)\} & (k = 1, 2, 3) \\ f_0(s_1) = 0 \end{cases}$$

当 $k = 1$ 时,

$$f_1(s_2) = \max_{0 \leqslant x_1 \leqslant \frac{1}{2}s_2} \{8x_1^2 + f_0(s_1)\} = \max_{0 \leqslant x_1 \leqslant \frac{1}{2}s_2} 8x_1^2$$

$$= 2s_2^2, \quad x_1^* = \frac{1}{2}s_2 \tag{4.15}$$

当 $k = 2$ 时,

$$f_2(s_3) = \max_{0 \leqslant x_2 \leqslant s_3} \{4x_2^2 + f_1(s_2)\} = \max_{0 \leqslant x_2 \leqslant s_3} \{4x_2^2 + 2(s_3 - x_2)^2\}$$

$$= 4s_3^2, \quad x_2^* = s_3$$

当 $k = 3$ 时,

$$f_3(s_4) = \max_{0 \leqslant x_3 \leqslant 1} \{x_3^3 + f_2(s_3)\} = \max_{0 \leqslant x_3 \leqslant 1} \{x_3^3 + 4(10 - 10x_3)^2\}$$

$$= 400, \quad x_3^* = 0$$

再由后向前推可得

$$s_3 = 10 - 10x_3^* = 10, \ x_2^* = s_3 = 10,$$

$$s_2 = s_3 - x_2^* = 0, \ x_1^* = \frac{1}{2}s_2 = 0$$

最优解为 $x_1^* = 0$, $x_2^* = 10$, $x_3^* = 0$;最大值为 $f_3(s_4) = 400$.

4.6 动态规划问题的 Excel 求解方法

4.6.1 用 Excel 求解背包问题

我们用 Excel 电子表格求解 4.3.3 节中的背包问题. 问题的递归公式可以表示成：

$$f_k(d) = \max_{x_k}\{r_k(x_k) + f_{k+1}(d - x_k)\} \qquad (4.16)$$

我们可以把这个递归公式写成另一种形式：

$$f(d) = \max_k\{r_k + f(d - w_k)\} \qquad (4.17)$$

其中 r_k 表示从第 k 种物品中所获得的收益,w_k 表示背包中第 k 种物品的重量.

由于物品 1、物品 2、物品 3 的重量分别为 4 kg、3 kg、5 kg,所以我们可以直接在电子表格的 E2 单元格中输入 0 (即 $f(0) = 0$),在 E3、E4、E5 单元格中分别输入 0, 0, 7. 在电子表格中的 B, C, D 这三列分别代表 $r_1 + f(d-w_1)$, $r_2 + f(d-w_2)$ 和 $r_3 + f(d-w_3)$. 所以对于第 6 行的单元格我们进行以下赋值：

$$\text{B6:11+E2, C6:7+E3, D6:}-10\,000$$

其中在单元格 D6 中赋值 $-10\,000$ 是因为当 d 为 4 kg 时不能放置重 5 kg 的物品 3. 这样在单元格 E6 中我们就可以利用函数 MAX(B6:D6) 来求得 $f(4) = 11$. 同样地,在第 7 行中,我们可以通过以下单元格的赋值来求得 $f(5) = 12$.

B7:11+E3, C7:7+E4, D7:12+E2, E7:MAX(B7:D7)

同理,我们可以把单元格 B7:E7 的公式自动拖曳到 B12:E12 单元格中,最后我们就得到了 $f(10) = 25$.

从图 4-2 可以看出,我们通过放置物品 1 或物品 2 可以得出最优解 $f(10) = 25$,假设我们先放物品 1,然后还有 $10-4 = 6 \text{ kg}$ 可以放,再由 $f(6) = 14$ 可以得知应该放置 1 份物品 2,这样还有 $6-3 = 3 \text{ kg}$ 可以放,由 $f(3) = 7$ 可知,我们可以再放 1 份物品 2,最后还有 $3-3 = 0 \text{ kg}$ 空余. 所以,我们可以得出结论,通过放置 1 份物品 1 和 2 份物品 2 可以放满 10 kg 的背包,且可以获得最大收益 25.

	A	B	C	D	E	F	G	H	I
1	背包的重量(d)	物品1	物品2	物品3	收益f(d)				
2	0				0				
3	1				0				
4	2				0				
5	3				7				
6	4	11	7	-10000	11				
7	5	11	7	12	12				
8	6	11	14	12	14				
9	7	18	18	12	18				
10	8	22	19	19	22				
11	9	23	21	23	23				
12	10	25	25	24	25				
13									
14									
15									
16									
17									
18									

图 4-2

4.6.2 用 Excel 求解投资计划问题

我们用 Excel 电子表格求解 4.3.2 节中的投资计划问题. 问题的函数表达式如下:

$$f_k(d) = \max_{0 \leqslant x \leqslant d} \{r_k(x) + f_{k+1}(d-x)\} \qquad (4.18)$$

其中,$f_k(d) =$ 投资项目 k, $k+1$, $\cdots$, N 的最大收益($k = 1, 2, 3$, $N = 3$).

首先,我们在单元格 A1:H4 中输入投资一盈利表.问题最后要求解的是 $f_1(6)$,我们可先通过 Excel 的命令 HLOOKUP 来求解 $r_k(x)+f_{k+1}(d-x)$.例如要求解 $r_3(1)+f_4(2-1)$,我们可以把如下命令输入单元格 F14 中,即

$$F14 = \text{HLOOKUP}(F\$13,\ \$B\$1:\$H\$4,\ \$I20+1)+$$
$$\text{HLOOKUP}(F\$12-F\$13,\ \$B\$6:\$H\$10,\ \$I20+1)$$

其中,HLOOKUP(F\$13,\$B\$1:\$H\$4,\$I20+1)部分在单元格 B1:H4 中查找第一项与单元格 F13 中的数据相匹配的列,然后取出该列第 I20+1 行(即第 2 行)中的数据 $r_3(1)=9$. HLOOKUP(F\$12−F\$13,\$B\$6:\$H\$10,\$I20+1)部分在单元格 B6:H10 中查找第一项与 F\$12−F\$13 相匹配的列,然后取出该列第 I20+1 行(即第 2 行)中的数据 $f_4(1)=0$. 我们在单元格 A20:G22 中记录的是 $f_k(d)$ 的数据.我们可以在以下单元格中这样赋值:A20:0,B20:= MAX(C14:D14),C20:= MAX(E14:G14),D20:= MAX(H14:K14),E20:= MAX(L14:P14),F20:=MAX(Q14:V14),G20:= MAX(W14:AC14).

我们已经知道,求解 $r_k(x)+f_{k+1}(d-x)$ 需要第 7 行至第 10 行的 $f_k(d)$ 数据,所以我们可以如下输入数据:在单元格 B7:H7 中全输入 0(因为由边界条件可知 $f_4(d)=0$, $d=0$, …, 6),然后在单元格 B8 输入'=A20',再把该公式自动拖曳到单元格B8:H10中.

其实,行 B14:AC16 与行 B8:H10 是互相循环调用的,Excel 会自动解析循环,求出最优解的.

从最终结果图 4-3,4-4,4-5 中我们可以知道 $f_1(6)=49$,从单元格 AA16=49 可得应该对项目 1 投资 4 百万元资金.接着得到 $f_2(6-4)=19$,由单元格 F15=19,可知应对项目 2 投资 1 百万元资金.然后我们可以得到 $f_3(2-1)=9$,从单元格 D14=9 最后可知应对项目 3 投资 1 百万元资金.

	A	B	C	D	E	F	G	H	I	J	K
1	盈利＼投资	0	1	2	3	4	5	6			
2	项目3的盈利 $r_3(x)$	0	9	13	17	21	25	29			
3	项目2的盈利 $r_2(x)$	0	10	13	16	19	22	25			
4	项目1的盈利 $r_1(x)$	0	9	16	23	30	37	44			
5											
6	收益	0	1	2	3	4	5	6			
7	阶段4	0	0	0	0	0	0	0			
8	阶段3	0	9	13	17	21	25	29			
9	阶段2	0	10	19	23	27	31	35			
10	阶段1	0	10	19	28	35	42	49			
11											
12	d	0	1	1	2	2	2	3	3	3	3
13	x	0	0	1	0	1	2	0	1	2	3
14	阶段3	0	0	9	0	9	13	0	9	13	17
15	阶段2	0	9	10	13	19	13	17	23	22	16
16	阶段1	0	10	9	19	19	16	23	28	26	23
17											
18	0	1	2	3	4	5	6				
19	ft(0)	ft(1)	ft(2)	ft(3)	ft(4)	ft(5)	ft(6)	t	index		
20	0	9	13	17	21	25	29	3	1		
21	0	10	19	23	27	31	35	2	2		
22	0	10	19	28	35	42	49	1	3		
23											

图 4-3

	L	M	N	O	P	Q	R	S	T	U	V
1											
2											
3											
4											
5											
6											
7											
8											
9											
10											
11											
12	4	4	4	4	4	5	5	5	5	5	5
13	0	1	2	3	4	0	1	2	3	4	5
14	0	9	13	17	21	0	9	13	17	21	25
15	21	27	26	25	19	25	31	30	29	28	22
16	27	32	35	33	30	31	36	39	42	40	37
17											
18											
19											
20											
21											
22											
23											
24											

图 4-4

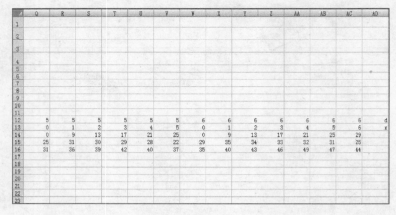

图 4-5

4.6.3 用 Excel 求解生产与库存问题

我们用 Excel 电子表格求解 4.2.2 节中的生产与库存问题,递推关系为:$f_k(x_k) = \min_{u_k}\{v_k(x_k,\ u_k) + f_{k+1}(x_{k+1})\}$. 为了便于用 Excel 方法求解,现将该递推表达式改写如下:

$$f_k(x_k) = \min_{x_k}\{c(u_k) + a * (x_k + u_k - d_k) +$$
$$f_{k+1}(x_k + u_k - d_k)\} = \min_{x_k}\{J_k(x_k,\ u_k)\} \qquad (4.19)$$

其中,x_k 指第 k 季度初的存货数量,d_k 是第 k 季度的需求量,$c(u_k)$ 为在第 k 季度内生产 u_k 单位的产品所需的成本. a 为每单位产品的存货费用.

首先,在单元格 A1:G2 中输入生产成本数据,例如在单元格 C2 中输入=2*C1+6. 接着,在单元格 C14:AL17 中我们开始求解 $J_k(x_k,\ u_k)$. 具体的计算可以通过 Excel 的 HLOOKUP 函数来求解. 例如,求 $J_4(0,3)$ 时,我们可以在单元格 F14 中输入以下命令:

F14 = HLOOKUP(F$12, $B$1:$G$2, 2)
$\qquad$ +1*MAX(F$11+F$12－$A14,0)HLOOKUP(F$11

$+F\$12-\$A14,\ \$B\$4:\$I\$9,\ \$H21+1)$

其中,上式第一项 HLOOKUP(F$12, $B$1:$G$2, 2)得出生产成本 $c(3)=12$,第二项 $1*\mathrm{MAX}(\mathrm{F}\$11+\mathrm{F}\$12-\$\mathrm{A}14,0)$ 给出该季度的存储费用,最后一项就是用来求解 $f_{k+1}(x_k+u_k-d_k)$. 通过自动拖曳,我们可以把该单元格的公式命令复制到单元格 C14:AL17中,从而求出所有的 $J_k(x_k,\ u_k)$. 我们把 $f_k(d)$ 的值放入单元格 A21:F24 中. 例如求 $f_4(d)$ $(d=0,1,\cdots,4)$ 时,我们在单元格中输入以下命令:A21 = MIN(C14:H14), B21 = MIN(I14:N14), C21 = MIN(O14:T14), D21 = MIN(U14:Z14), E21 = MIN(AA14:AF14), F21 = MIN(AG14:AL14),然后再把这些公式由自动拖曳到单元格 A21:F24,这样就可求得所有的 $f_k(d)$.

由于第 14 行至第 17 行的求解需要用到第 5 行至第 9 行中表示 $f_k(d)$ 的数据,所以我们可以这样处理:为了保证存货为负数或者存货超过 5 千件时产生很高的费用,我们在第 B、I 列输入很大的正数(这里我们取 10 000),由边界条件可知 $f_5(d)=0$ $(d=0,1,2,\cdots,5)$,这样我们可以在单元格 C5:H5 中输入 0. 然后我们可以在单元格 C6 中输入以下命令' = A21 ',再复制到单元格 C6:H9 中去,这样第 14 行至第 17 行就能顺利地调用数据了.

事实上,第 14 行至第 17 行与第 5 行至第 9 行是互相循环调用的,在这几行的单元格中输入命令后 Excel 会自动解析循环,最终求出最优解.

从结果图 4-6、4-7、4-8 可以知道,由于在开始时无存货,该厂的最优花费为 $f_1(0)=40$ 万元,在第一季度生产 1 千件;第二季度开始时无存货,$f_2(0)=32$ 万元,由单元格 H16 中的数据为 32 可知,工厂第二季度应该生产 5 千件;第三季度开始时的存货量为 $(5-3)=2$ 千件,$f_3(2)=14$ 万元,由单元格 O15 中的数据为 14 可知,工厂第三季度无需生产;第四季度开始时存货为 $(2-2)=0$ 千件,$f_4(0)=14$ 万元,由单元格 G14 中的数据为 14 可知工厂,第四季度应生产 4 千件.

	A	B	C	D	E	F	G	H	I	J	K	L	M	N
1	生产数量	0	1	2	3	4	5							
2	生产成本	0	8	10	12	14	16							
3														
4	成本 库存量	-5	0	1	2	3	4	5	6					
5	第五季度	10000	0	0	0	0	0	0	10000					
6	第四季度	10000	14	12	10	8	0		10000					
7	第三季度	10000	24	20	14	13	12	11	10000					
8	第二季度	10000	32	30	28	24	21	16	10000					
9	第一季度	10000	40	32	31	30	27	25	10000					
10														
11	库存		0	0	0	0	0		1	1	1	1		
12	生产量		0	1	2	3	4	0	1	2	3	4	5	
13	需求量													
14	4		10000	10008	10010	10012	14	17	10008	10010	12	15	18	
15	2		10000	10008	24	25	26	27	10000	22	23	24	25	20
16	3		10000	10008	10010	36	35	32	10008	34	33	30	32	
17	1		10000	40	41	42	41	41	32	39	40	39	39	37
18														
19	0	1	2	3	4	5								
20	ft(0)	ft(1)	ft(2)	ft(3)	ft(4)	ft(5)	阶段t	index						
21	14	12	10	8	0		4	1						
22	24	20	14	13	12	11	3	2						
23	32	30	28	24	21	16	2	3						
24	40	32	31	30	27	25	1	4						

图 4-6

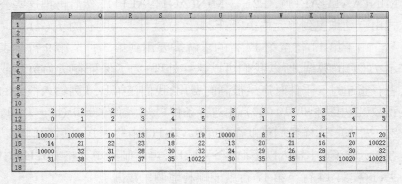

	O	P	Q	R	S	T	U	V	W	X	Y	Z
11	2	2	2	2	2	2	3	3	3	3	3	3
12	0	1	2	3	4	5	0	1	2	3	4	5
14	10000	10008	10	13	16	19	10000	8	11	14	17	20
15	14	21	22	23	18	22	13	20	21	16	20	10022
16	10000	32	31	28	30	32	24	29	26	28	30	32
17	31	38	37	37	35	10022	30	35	35	33	10020	10023

图 4-7

	V	W	X	Y	Z	AA	AB	AC	AD	AE	AF	AG	AH	AI	AJ	AK	AL
11	3	3	3	3	3	4	4	4	4	4	4	5	5	5	5	5	5
12	1	2	3	4	5	0	1	2	3	4	5	0	1	2	3	4	5
14	8	11	14	17	20	0	9	12	15	18	21	1	10	13	16	19	10022
15	20	21	16	20	10022	12	19	14	18	10023	12	16	10018	12	16	10018	10024
16	29	26	28	30	32	21	24	26	28	30	10022	16	24	26	28	10020	10023
17	35	35	33	10020	10023	27	33	31	10018	10021	10024	25	29	10016	10019	10022	10025

图 4-8

习　题

1. 某运输公司要运一批物资由 A 到 E,其中要经过三级中间站 B_1, B_2, B_3;C_1, C_2, C_3 和 D_1, D_2,其间的距离如图 $4-9$ 所示.求由 A 到 E 的最短路径.

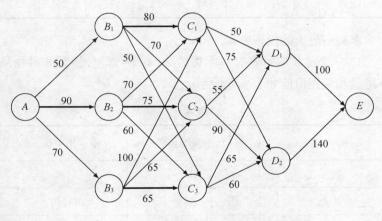

图 4-9

2. 某工厂要制定一产品的全年四季度的计划.已知在第 $k=1, 2, 3, 4$ 季度末的交货量为 $d_k=2, 4, 1, 3$ 千件.该厂每季度的固定开支 s 为 5 万元(不开工为 0).每千件每季度的库存的费用为 $a=1$ 万元,每千件的生产费用为 $b=2$ 万元.这工厂生产该产品的最大能力为 $q=5$ 千件,库存的最大能力为 $c=5$ 千件.假定在年初和年末无库存.试制定生产与库存计划使得全年的总费用最小.

3. 某投资公司有 6 百万元资金,有 3 个可投资的项目.如果把 x_i(以百万元为单位)投资到项目 i ($i=1, 2, 3$) 中去,其所得的赢利如表 4.5 所示.

表 4.5

赢利＼投资	0	1	2	3	4	5	6
$r_1(x_1)$	0	4	8	16	32	42	50
$r_2(x_2)$	0	9	12	16	19	22	25
$r_3(x_3)$	0	8	11	14	17	20	23

求赢利最大的投资方案.

4. 一个徒步旅行者有一个可放 20 kg 的背包,想装 3 种物品,其重量和使用价值如表 4.6 所示.

表 4.6

物　　品	重量/kg	使 用 价 值
物品 1	2	80
物品 2	3	130
物品 3	4	180

求最优配置.

5. 设某新设备的年效益、年维修费用和更新净费用如表 4.7 所示(单位:百万元). 试确定今后 5 年内的更新策略使得总收益最大.

表 4.7

役龄 s_i	0	1	2	3	4	5
$r_i(s_i)$	11	10	9	8.5	7	6
$u_i(s_i)$	2	3	4	5	6	7
$c_i(s_i)$	2	4.5	5	6	7	8

6. 用动态规划方法求解下列非线性整数规划问题：

$$\min f(x) = 3x_1^2 + 2x_2^2$$
$$\text{s. t. } 15 - 2x_1 - 2x_2 \leqslant 10$$
$$x_1,\, x_2 \geqslant 0,\ 整数$$

第五章 总极值问题

摘要:前面几章讨论的都是求局部极值的方法,然而,我们希望能找到总极值点. 近年来出现了不少的理论和方法. 在这一章中,我们将介绍几种求单变量函数的总极小值点的方法,求凹函数的总极小值的理论和方法. 在下一章里,我们还将介绍求函数总极小值点的积分型方法.

5.1 问题的提出 例题

5.1.1 局部极值和总体极值

设 D 是 n 维空间中的一个子集,f 是一个有下界的函数. 我们希望求 f 在 D 上的总极小值

$$c^* = \inf_{x \in D} f(x)$$

及函数 f 的值等于 c^* 的点集:

$$H^* = \{x \mid f(x) = c^*, \ x \in D\}.$$

注 5.1 如果 D 是有界闭集,f 是下半连续函数,则总极小值点集 H^* 非空.

在前面几章我们讨论了求局部极小点的理论和方法. 无论从理论上或从实际应用上来说,我们都希望求出 f 在 D 上的总极小值点. 大家会想,如果我们把函数 f 在 D 中所有的局部极小值点都求出来,比较 f 在这些点的值的大小,不就可以把总极小值点求出来

了吗? 这的确也是一个办法(见下面的例题). 然而,一般我们很难求出所有的局部极小值点. 而且,总极小值点还可能在 D 的边界上. 如果我们用求局部极小值点的方法把局部极小值点一个一个地求出来,我们无法判定什么时候算法可以终止(最优性条件). 因此,需要专门讨论求函数的总极小值点的理论和方法.

5.1.2 例题

例 5.1 假设

$$f(x) = x^4 - \frac{4}{3}x^3 - 4x^2 + 10, \quad D = [-10, 10]$$

求 f 在 D 上的总极小值点.

解 对 f 求导

$$f'(x) = 4x^3 - 4x^2 - 8x$$
$$f''(x) = 12x^2 - 8x - 8$$

令 $f'(x) = 0$,求它的根:

$$f'(x) = 4x(x+1)(x-2) = 0, \quad x_1 = -1, \quad x_2 = 0, \quad x_3 = 2$$

所有这些点都在 $[-10, 10]$ 之中. 此外,

$$f''(x_1) = 12 > 0, \quad x_1 \text{ 是一个局部极小值点}$$
$$f''(x_2) = -8 < 0, \quad x_2 \text{ 是一个局部极大值点}$$
$$f''(x_3) = 24 > 0, \quad x_3 \text{ 是一个局部极小值点}$$

因此,总极小值点可能是 x_1, x_3 及端点 $-10, 10$. 比较函数在这些点的值,得知 $x_3 = 2$ 是总极小值点,总极小值为 $-\frac{2}{3}$.

例 5.2 考虑下面整数规划问题:

$$\min z = -5x_1 - 8x_2$$
$$\text{s.t. } x_1 + x_2 \leqslant 6$$

$$5x_1 + 9x_2 \leqslant 45$$

$$x_1, x_2 \geqslant 0,\ 整数$$

粗看起来,它好像是个线性规划问题,实际上是一个非线性问题. 表 5.1 给出了它的解.

表 5.1

	连续最优解	舍入解	最近可行解	整数最优解
x_1	2.25	2	2	0
x_2	3.75	4	3	5
z	−41.25	不可行	−34	−40

对于这样的小问题,我们可以用图解法绘出可行点,再用穷举法计算每一可行点处的函数值,比较大小,即得其解. 变量和约束多了,问题就很难求解. 我们也可以把它看作有约束的总极值问题.

5.1.3 例子:经济平衡点的计算

在社会科学、自然科学和工程技术中有大量的总体最优化问题. 下面我们举一个例子——经济平衡点的计算来说明其重要性.

考虑一个经济系统,其中有 n 种商品(commodity)和 m 个经纪人(agent). 设商品的价格矢量 $\boldsymbol{p} = (p_1, p_2, \cdots, p_n)^{\mathrm{T}}$ 的各分量非负. 各经纪人对商品的需求与各商品的价格有关. 第 j 个经纪人对商品的需求函数为

$$g_1^j(\boldsymbol{p}),\ g_2^j(\boldsymbol{p}),\ \cdots,\ g_n^j(\boldsymbol{p})$$

其中

$$g_i^j(\boldsymbol{p}) = \frac{a_{ji} \sum\limits_k w_{jk} p_k}{p_i^{b_j} \sum\limits_k a_{jk} p_k^{1-b_j}} - w_{ji} \tag{5.1}$$

$W = (w_{jk})$ 和 $A = (a_{jk})$ 为 $m \times n$ 矩阵, 其系数为正. 矢量 $b = (b_1, b_2, \cdots, b_m)^T$ 的分量为正. 对于第 i 种商品,

$$g_i(\boldsymbol{p}) = \sum_{j=1}^{m} g_i^j(\boldsymbol{p}) \tag{5.2}$$

称为该商品的市场需求. 当矩阵 W 和 A 及矢量 b 给定后, 它是价格矢量 $\boldsymbol{p}$ 的函数.

定义 5.1 价格矢量 $\hat{\boldsymbol{p}} = (\hat{p}_1, \hat{p}_2, \cdots, \hat{p}_n)^T$ 称为平衡的, 如果在此价格下各商品的市场需求小于等于零(当价格矢量各分量为正时市场需求等于零).

为求平衡价格矢量, 我们要解极小化问题:

$$\min_{\boldsymbol{p} \geqslant \boldsymbol{0}} \| g(\boldsymbol{p})^+ \| \tag{5.3}$$

其中

$$g(\boldsymbol{p})^+ = (\max(g_1(\boldsymbol{p}), 0), \cdots, \max(g_m(\boldsymbol{p}), 0))^T \tag{5.4}$$

$\| \cdot \|$ 表示在 $\mathbf{R}^m$ 中的范数, 例如:

l_1-范数: $\qquad \| \boldsymbol{x} \|_1 = \sum_{i=1}^{m} | x_i | \tag{5.5}$

l_2-范数: $\qquad \| \boldsymbol{x} \|_2 = \sqrt{\sum_{i=1}^{m} | x_i |^2} \tag{5.6}$

l_∞-范数: $\qquad \| \boldsymbol{x} \|_\infty = \max_{1 \leqslant i \leqslant m} | x_i | \tag{5.7}$

这是一个求 n 个变量的总极值问题.

为了要求平衡价格矢量, 经济学家引进了辅助函数

$$f_i(\boldsymbol{p}) = \frac{p_i + \lambda \max(0, g_i(\boldsymbol{p}))}{1 + \lambda \sum_k \max(0, g_k(\boldsymbol{p}))} \tag{5.8}$$

其中 λ 是个小的正数, 并把价格矢量归一化:

$$S = \left\{ \boldsymbol{p} \,\middle|\, \boldsymbol{p} = (p_1, p_2, \cdots, p_n)^T, \sum p_i = 1, p_i \geqslant 0 \right\} \tag{5.9}$$

把问题化为求映照

$$\boldsymbol{F}(\boldsymbol{p}) = \{f_1, f_2, \cdots, f_m\} \qquad (5.10)$$

在 S 上的不动点. Brouwer 不动点定理从理论上证明了不动点的存在性. 要求不动点

$$\hat{\boldsymbol{p}} = \boldsymbol{F}(\hat{\boldsymbol{p}}) \qquad (5.11)$$

相当于要解极小化问题:

$$\min_{\boldsymbol{p} \geqslant \boldsymbol{0}} \| \boldsymbol{p} - \boldsymbol{F}(\boldsymbol{p}) \| \qquad (5.12)$$

求局部极小的方法不能用于求不动点上. 所以还是归结为求 n 个变量的总极值问题. 耶鲁大学的 Scarf 提出了用同伦方法求不动点, 并给出计算实例 ($n = 10$, $m = 5$), 为此还获得了诺贝尔经济奖提名. 我们用积分型求总极值的方法也作过类似的计算, 得到很好的效果.

5.2 几种求单变量函数总极小值点的方法

5.2.1 格点法

设 $f(x)$ 是定义在区间 $[a, b]$ 上的一个连续函数, 一个最简单的求总极小值点的方法是格点法. 把区间 $[a, b]$ 分成 N 等分的小区间, 并在每个小区间中取点:

$$x_i = a + \frac{b-a}{N}\left(i + \frac{1}{2}\right) \quad (i = 1, 2, \cdots, N-1)$$

并在这些点上计算函数值:

$$f(x_1), f(x_2), \cdots, f(x_{N-1})$$

比较它们的大小. 令

$$f(\bar{x}) = \min\{f(x_1), f(x_2), \cdots, f(x_{N-1})\}$$

我们取 $\bar{x}$ 为 f 在区间 $[a, b]$ 上总极小值点 x^* 的一个逼近. 至此,我们还没有讨论 N 的大小和逼近的精度.

假设 f 是区间 $[a, b]$ 上的 Lipschitz 函数,即存在常数 L,使得对于任意 $x, y \in [a, b]$,

$$f(x) - f(y) \leqslant L \mid x - y \mid$$

则

$$f(\bar{x}) \leqslant f(x^*) + L \mid \bar{x} - x^* \mid = f(x^*) + \frac{L(b-a)}{2N}$$

假设 ε 是给定的精度,$L(b-a)/2N = \varepsilon$,则如果令

$$N = \left[\frac{L(b-a)}{2\varepsilon} \right] + 1 \tag{5.13}$$

其中 $[A]$ 表示 A 的最大整数部分,那么,经过 N 次函数计算,我们可以用格点法求出总极小值点的逼近 $\bar{x}$,使得

$$f(\bar{x}) \leqslant f(x^*) + \varepsilon \tag{5.14}$$

例 5.3 设 $f(x) = \dfrac{x}{2} + \sin(2x)$. 用格点法求它在 $[-2, 2]$ 上的总极小($\varepsilon = 0.1$).

解 先求 $f(x)$ 的导数

$$f'(x) = \frac{1}{2} + 2\cos(2x)$$

故 f 的 Lipschitz 常数小于 2.5. 由式(5.13)得出

$$N = \left[\frac{2.5(2 - (-2))}{2 \times 0.1} \right] + 1 = 51$$

我们用 MATLAB 来求 ε-总极小.

```
for i = 1:50
x(i) = -2 + (2 - (-2))/51 * (i + 0.5);
```

```
y(i) = 0.5 * x(i) + sin(2 * x(i));
end
```

输出：

```
[c,i] = min(y)
x(i)
```

c 给出 ε-总极小值 $(c = -1.4224,\ i = 13)$，$x(i)$ 给出 ε-总极小值点 $(x(13) = -0.9412)$.

5.2.2　非均匀格点(Evtushenko)法

假设 f 是区间 $[a, b]$ 上的 Lipschitz 函数(常数为 L)，$\varepsilon > 0$ 为给定的精度.

初始步：令 $p = \varepsilon/L$，计算端点 a 的函数值 $r_0 := f(a)$. 令 $x_1 = a + 2p$，计算 x_1 的函数值，令 $r_1 := \min(r_0, f(x_1))$.

注 5.2　对于任意的 $x \in [a, a+p]$，我们有

$$|f(x) - f(a)| \leqslant L|x-a| \leqslant L \cdot p = \varepsilon$$

于是

$$r_0 = f(a) \leqslant f(x) + \varepsilon,\ \forall x \in [a, a+p]$$

另一方面，对于任意的 $x \in [a+p, x_1]$，我们有

$$|f(x_1) - f(x)| \leqslant L|x_1 - x| \leqslant L \cdot p = \varepsilon$$

所以

$$f(x_1) \leqslant f(x) + \varepsilon,\quad \forall x \in [a+p, x_1]$$

由此推出，

$$r_1 \leqslant f(x_1) \leqslant f(x) + \varepsilon,$$
$$\forall x \in [a, a+p] \bigcup [a+p, x_1] = [a, x_1]$$

下一步：令 $x_2 = x_1 + 2p + (f(x_1) - r_1)/L$，计算点 x_2 的函数值：令 $r_2 := \min\{r_1, f(x_2)\}$.

注 5.3 把区间 $[x_1, x_2]$ 分为两个小区间:

$$[x_1, x_1 + p + (f(x_1) - r_1)/L] \bigcup [x_1 + p + (f(x_1) - r_1)/L, x_2]$$

对于任意的 $x \in [x_1, x_1 + p + (f(x_1) - r_1)/L]$,我们有

$$|f(x) - f(x_1)| \leqslant L |x - x_1| \leqslant \varepsilon$$

或

$$f(x_1) - f(x) \leqslant \varepsilon + f(x_1) - r_1 \Rightarrow r_1 \leqslant f(x) + \varepsilon$$

对于任意的 $x \in [x_1 + p + (f(x_1) - r_1)/L, x_2]$,我们有

$$|f(x) - f(x_2)| \leqslant L |x - x_2| \leqslant \varepsilon + f(x_1) - r_1$$

或

$$r_2 \leqslant f(x_2) \leqslant f(x) + \varepsilon$$

由此推出

$$r_2 \leqslant f(x) + \varepsilon, \quad \forall x \in [x_2, x_2 + p]$$

从而得

$$r_2 \leqslant r_1 \leqslant f(x) + \varepsilon, \quad \forall x \in [a, x_2 + p]$$

一般情况:对于 $k = 2, 3, \cdots$,令

$$x_{k+1} = x_k + 2p + (r_k - f(x_k))/L$$

计算点 x_{k+1} 的函数值. 令

$$r_{k+1} := \min(r_k, f(x_{k+1}))$$

如果 $f(x_{k+1}) < r_k$,则令 $\hat{x}_{k+1} := x_{k+1}$,否则令 $\hat{x}_{k+1} := \hat{x}_k$.

注 5.4 我们找到至此最小的函数值 r_{k+1} 及其对应的点 $\hat{x}_{k+1}$:
$f(\hat{x}_{k+1}) = r_{k+1}$,并且,

$$f(\hat{x}_{k+1}) = r_{k+1} \leqslant f(x) + \varepsilon, \quad \forall x \in [a, x_{k+1} + p]$$

终止判别:如果

$$x_{k+1} + p > b \tag{5.15}$$

则算法终止.

注 5.5 我们找到至此最小的函数值的 ε-逼近: $\hat{x}_{k+1}$

$$f(\hat{x}_{k+1}) \leqslant f(x) + \varepsilon, \quad \forall x \in [a, x_{k+1} + p] \supset [a, b]$$

例 5.4 设 $f(x) = \dfrac{x}{2} + \sin(2x)$. 用 Evtushenko 法求在 $[-2, 2]$ 上的总极小 ($\varepsilon = 0.1$).

解 f 的 Lipschitz 常数小于 2.5. 我们用 MATLAB 来求 ε-总极小.

```
a = -2; b = 2; p = 0.1/2.5; r = 0.5*a + sin(2*a); x = a + p; k = 1;
while x < b
y = 0.5*x(i) + sin(2*x);
xx + 2*p - (r - y);
y = 0.5*x(i) + sin(2*x);
r = min(r, y);
if y <= r
xx = x;
end
k = k + 1;
end
输出:
fmin = r
xx
k
```

r 给出 ε-总极小值 ($r = -1.4214$), xx 给出 ε-总极小值点 ($xx = -0.8747$), $k = 21$. 在这个例子中,函数计算次数少了一半.

5.2.3 Piyavski-Shubert 法

假设 f 是区间 $[a, b]$ 上的 Lipschitz 函数(Lipschitz 常数为 L),$\varepsilon > 0$ 为给定的精度. 在 1967 年, Piyavski 提出了一种总极小的方法,在 1972 年,Shubert 也独立提出了相同的方法. 他们的方法可叙述如下:

第 1 步 计算函数 f 在 a 和 b 处的值:$f(a)$ 和 $f(b)$. 作辅助函数

$$\phi_0(x) = \max\{f(a) - L \mid x - a \mid, f(b) - L \mid x - b \mid\} \tag{5.16}$$

令 $k: = 1$.

注 5.6 ϕ_0 是函数 $f(x)$ 通过点 $(a, f(a))$ 和 $(b, f(b))$ 的下估计:

$$\phi_0(x) \leqslant f(x), \quad \forall x \in [a, b]$$

设 $\phi_0(x)$ 在 $[a, b]$ 的总极小点为 x_1, $f(x)$ 在 $[a, b]$ 上的总极小值为 f^*,则 $f^* \geqslant \phi_0(x_1)$.

第 2 步 设 $f(x)$ 的下估计 $\phi_{k-1}(x)$ 在 $[a, b]$ 的总极小点为 x_k:$\phi_{k-1}(x_k) = \min\limits_{a \leqslant x \leqslant b} \phi_{k-1}(x)$. 计算函数 f 在 x_k 的值.

$$\min_{i=1, 2, \cdots, k} f(x_i)$$

注 5.7 f_k 是函数 $f(x)$ 总极小值 f^* 的上估计,$\phi_{k-1}(x_k)$ 是 f^* 的下估计.

第 3 步 如果

$$\phi_{k-1}^* = \phi_{k-1}(x_k) \leqslant f_k - \varepsilon \tag{5.17}$$

则 x_k 是 f 在 $[a, b]$ 上的 ε-逼近;否则转向第 4 步.

注 5.8 上述不等式是最优性判别.

第 4 步 令

$$\phi_k(x) = \max\{f(x_k) - L \mid x - x_k \mid, \phi_{k-1}(x)\} \tag{5.18}$$

$k: = k+1$; 转向第 1 步.

例 5.5 设 $f(x) = 0.2x + \sin(3x)$. 用 Piyavski-Shubert 法求它在 $[-2, 2]$ 上的总极小.

解 先求 $f(x)$ 的导数

$$f'(x) = 0.2 + 3\cos(3x)$$

故 f 的 Lipschitz 常数小于 3.2. 图 $5-1$ 给出了 ϕ_0 和 ϕ_1 及相应的上估计(UB)和下估计(LB).

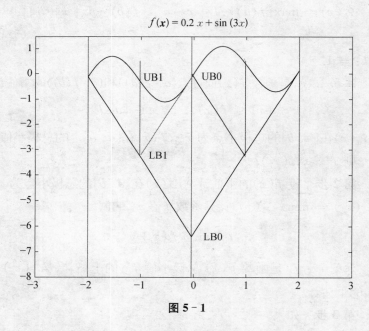

图 5-1

注 5.9 $\phi_k(x)$ 是 $f(x)$ 的第 k 步的下逼近. 显然,

$$\phi_k(x_k) \leqslant \phi_k(x) \leqslant f(x), \quad \forall x \in [a, b], k = 1, 2, \cdots$$

下逼近 $\phi_k(x)$ 是分段线性函数, 它的图像如同鲨鱼的牙齿, 所以, Piyavski-Shubert 法有时称为鲨鱼齿法. 不难证明, 该法收敛于总极值.

5.3 求凹函数总极小值的理论和方法

对于凹函数在凸集上的总极小问题,由于它的结构,总极小在凸集的边界上达到. 这类问题有它自己的理论和方法. 在这节里我们只作简单的介绍.

5.3.1 下估计逼近

考虑下面的求极小问题:

$$c^* = \min_{x \in P} f(x) \tag{5.19}$$

其中 P 是 $\mathbf{R}^n$ 中的有界多面体,f 是 P 上的连续凹函数. 由于 (5.19) 的极小在 P 的某(些)极点上达到,故我们只需在 P 的极点中去寻找即可. 虽然 P 的极点是有限个,可以用穷举法,但 P 的极点数量会很大,我们希望有比较聪明的方法.

首先我们构造一个 f 在 P 上的下估计函数 g

$$g(x) \leqslant f(x), \quad \forall x \in P \tag{5.20}$$

通常我们取 g 为线性函数,从而得到一个线性规划问题:

$$\min_{x \in P} g(x) \tag{5.21}$$

容易用求解线性规划的算法求得 (5.21) 的解 x_0,则我们得到 (5.19) 的下估计 $c_l = g(x_0)$ 和上估计 $c_u = f(x_0)$:

$$c_l = \min_{x \in P} g(x) \leqslant \min_{x \in P} f(x) \leqslant c_u \tag{5.22}$$

如果 $c_l = c_u$,则 x_0 就是 (5.19) 的解,c_u 就是 f 在 P 上的总极小值. 如果 $c_l < c_u$,则用某种极点排序方法转到下一个极点 x_1,改进下估计:令 $c_l := \max\{g(x_1), c_l\}$. 如果 $f(x_1) < c_u$,则改进上估计:令 $c_u = f(x_1)$,以此类推,直到最优性条件 $c_l = c_u$ 满足.

Murty 极点排序法 Murty 提出的极点排序法是最早的一个.

在线性规划非退化的假设下,用单纯形方法可以找到一系列的相邻极点,用这种方法可得到线性规划的最优解. 如果我们有一极点 z_1 和 $l(z_1)$,其中 $l(z)$ 是线性规划的目标函数,则我们可以找一与 z_1 相邻的极点排序. 一般地,若 z_1,z_2,$\cdots$,z_k 是找到的一系列排序极点,并且

$$l(z_1) \leqslant l_2(z_2) \cdots \leqslant l(z_k)$$

则我们可以找到第 $k+1$ 个排序极点,这个点与 $\{z_1$,z_2,$\cdots$,$z_k\}$ 中的一个点相邻.

5.3.2　分支定界法

分支定界法原来是在求组合最优化问题时发展起来的,后来引用于求解凹函数的总极小值问题. 其中分支就是逐次把可行区域进行分划,定界就是确定解的下(上)界. 由不同的方式进行分划和不同的方式导出解的下界,有不同的分支定界法.

为了例示分支定界法的思想,我们考虑可分函数类 $f:D \to \mathbf{R}^1$:

$$f(\boldsymbol{x}) = \sum_{i=1}^{n} f^i(x^i)$$

其中

$$D = \{\boldsymbol{x} \mid \boldsymbol{x} = (x^1, x^2, \cdots, x^n)^{\mathrm{T}} \in \mathbf{R}^n, \ l^i \leqslant x^i \leqslant L^i, \ i = 1, 2, \cdots, n\}$$

而 $f^i(x^i)$ 定义在区间 $[l^i, L^i]$ 上. 这种函数比较容易得到它的凸包络. 函数 ϕ^i 称为 f^i 在区间 $[l^i, L^i]$ 上的凸包络,如果(1) ϕ^i 在 $[l^i, L^i]$ 上是凸的;(2) 在 $[l^i, L^i]$ 上,$\phi^i(x^i) \leqslant f^i(x^i)$;(3) 如果有一个函数 ψ 具有上述性质(1)、(2),则在区间 $[l^i, L^i]$ 上,$\psi(x^i) \leqslant \phi^i(x^i)$.

如果 ϕ^i 是 f^i 在区间 $[l^i, L^i]$ 上的凸包络,$i = 1, 2, \cdots, n$,则

$$\phi(\boldsymbol{x}) = \sum_{i=1}^{n} \phi^i(x^i)$$ 是 f 在 D 上的凸包络.

注 5.10　可分凹函数的凸包络是线性函数.

Falk-Soland 算法　下面介绍求解下列问题的 Falk-Soland 算法:

$$\min f(\boldsymbol{x}) = \sum_{i=1}^{n} f^i(x^i)$$

$$\text{s. t. } \boldsymbol{x} \in C \bigcap D \tag{5.23}$$

其中 D 是有界闭集, C 是多维矩形.

　　第 1 步(初始步)　构造 f^i 在区间 $[l^i, L^i]$ 上的凸包络 ϕ_1^i $(i = 1, 2, \cdots, n)$. 令 $\phi_1(\boldsymbol{x}) = \sum_{i=1}^{n} \phi_1^1(x^i)$; $C_1 = C$; $r_1 = 1$; $k := 1$. 令下面问题的解是 $\boldsymbol{x}_1$:

$$\min_{\boldsymbol{x} \in C \bigcap D_1} \phi_1(\boldsymbol{x})$$

当前的下界为 $c_l = \phi_1(\boldsymbol{x}_1)$, 上界为 $c_u = f(\boldsymbol{x}_1)$. 如果 $c_l = c_u$, 则我们得到最优解.

　　第 2 步(定界步)　令 ϕ_{kv} 为 f 在 C_{kv} 上的凸包络. 对于 $v = 1, 2, \cdots, r_k$, 求解

$$\phi_{kv}(\boldsymbol{x}_{kv}) = \min_{\boldsymbol{x} \in D \cap C_{kv}} \phi_{kv}(\boldsymbol{x})$$

用 v_k 记达到极小的下标

$$\phi_{kv_k}(\boldsymbol{x}_{kv_k}) = \min_{v=1, \cdots, r_k} \phi_{kv}(\boldsymbol{x}_{kv})$$

为记号简单起见, 令 $\boldsymbol{x}_k = \boldsymbol{x}_{kv_k}$.

　　注 5.11　当前的下界为 $c_l = \phi_{kv_k}(\boldsymbol{x}_k)$, 当前的上界为 $c_u = f(\boldsymbol{x}_k)$.

　　第 3 步(最优性判别)　如果 $c_l = c_u$, 则转向第 5 步, 否则转向第 4 步.

　　注 5.12　如果 $f(\boldsymbol{x}_k) = \phi_{kv_k}(\boldsymbol{x}_k)$, 则算法满足终止条件. 如果 $f(\boldsymbol{x}_k) > \phi_{kv_k}(\boldsymbol{x}_k)$, 则算法进行 $k+1$ 次迭代, 把 C_{kv_k} 剖分为两个多维矩形.

　　第 4 步(分支步)　取 j, 使得 $f(x_k^i) - \phi_{kv_k}(x_k^i)$ 极小. 把 C_{kv_k} 分为

两部分,得到两个多维矩形;令 $r_{k+1} = r_k + 1$, $k := k+1$;转向第 2 步.

注 5.13 新的多维矩形的边除了第 j 分量外和原来的一样. 其第 j 分量分割为 $[l^i_{kv_p}, x^j_k]$ 和 $[x^j_k, L^j_{kv_k}]$.

第 5 步(输出终止) 输出 $\pmb{x}^* := \pmb{x}_k$;终止.

5.3.3 割平面法

从 20 世纪 50 年代起,割平面法用于解整数规划问题. 该方法由两部分组成:(1) 松弛部分:用于求得一个解,这个解可能并非可行;(2) 割平面部分:引进一些约束,使得有更多的机会得到最优可行解. 从 60 年代起,这种方法被用到求解凹函数在多面体上的极小问题.

考虑凹函数 f 在多面体上的极小问题:

$$\min_{\pmb{x} \in P} f(\pmb{x}) \tag{5.24}$$

其中约束集 $P = \{\pmb{x} \in \mathbf{R}^n \mid \pmb{A}\pmb{x} \leqslant \pmb{b}\}$ 是个有界的多面体并且内点非空. 假设我们求得一个局部极小点 $\pmb{x}_0$(它是多面体 P 的一个顶点),令 $\alpha_0 = f(\pmb{x}_0)$. 这时,我们可以考虑 f 在 $P \cap H_{\alpha_0}$ 上的解,其中 $H_{\alpha_0} = \{\pmb{x} \mid f(\pmb{x}) \leqslant \alpha_0\}$ 是水平集. 一般来说,$P \cap H_{\alpha_0}$ 不再是多面体了. 如果我们能构造一个割平面 $L_0 = \{\pmb{x} \mid \langle \pmb{p}, \pmb{x} \rangle \geqslant \beta_0\}$ 使得

$$P \cap L_0 \subset P \cap H_{\alpha_0} \tag{5.25}$$

则我们有一个新的多面体 $P \cap L_0$. 这种割平面称为有效的割平面.

一个割平面算法:

第 1 步 求出一个 P 的顶点 $\pmb{x}_0$,它是(5.19)的局部极小点. 令 $\alpha_0 := f(\pmb{x}_0)$;$P_0 := P$;$k := 0$.

第 2 步 构造一个有效的割平面 $\{\pmb{x} \mid \langle \bar{\pmb{p}}_k, \pmb{x} - \pmb{x}_k \rangle \geqslant 1\}$,其中 $\bar{\pmb{p}}_k = e \overline{R}^{-1}$.

第 3 步 求解下面的线性规划问题:

$$\max_{\boldsymbol{x}\in P_k}\langle \bar{\boldsymbol{p}}_k,\ \boldsymbol{x}-\boldsymbol{x}_k\rangle$$

设其解为 $\bar{\boldsymbol{x}}_k$. 如果 $\langle \bar{\boldsymbol{p}}_k,\ \bar{\boldsymbol{x}}_k-\boldsymbol{x}_k\rangle \leqslant 1$, 则转向第 7 步.

第 4 步 令 $P_{k+1}=P_k\bigcap\{\boldsymbol{x}\mid\langle \bar{\boldsymbol{p}}_k,\ \bar{\boldsymbol{x}}_k-\boldsymbol{x}_k\rangle\geqslant 1\}$. 从 $\bar{\boldsymbol{x}}_k$ 开始, 求出 P_{k+1} 的一个顶点 $\boldsymbol{x}_{k+1}$, 它是 f 在 P_{k+1} 上的局部极小点.

第 5 步 如果 $f(\boldsymbol{x}_{k+1})\geqslant \alpha_k$, 则 $k:=k+1$; 转向第 2 步.

第 6 步 令 $\boldsymbol{x}_0:=\boldsymbol{x}_{k+1}$; $\alpha_0:=f(\boldsymbol{x}_0)$; $P_0:=P_{k+1}$; 转向第 1 步.

第 7 步 输出 $\boldsymbol{x}^*:=\boldsymbol{x}_k$; 终止.

5.3.4 D.C. 规划

1959 年 Hartman 研究一类函数, 它可以表示为两个凸函数之差, 这种函数称为 D.C. 函数. 设 $f,\ g_1,\ \cdots,\ g_m$ 是在凸集 $C=\{\boldsymbol{x}\mid h_j(\boldsymbol{x}),\ j=1,\ 2,\ \cdots,\ r\}$ 上的 D.C. 函数, $h_j(\boldsymbol{x})$ 为凸函数, 考虑下列 D.C. 规划问题:

$$\begin{aligned}&\min f(\boldsymbol{x})\\&\text{s.t. } \boldsymbol{x}\in C,\ g_i(\boldsymbol{x})\leqslant 0\quad(i=1,\ 2,\ \cdots,\ m)\end{aligned}\tag{5.26}$$

我们研究 D.C. 规划是因为 D.C. 函数具有良好的性质. 设 f 是定义在凸集 C 上的 D.C. 函数, 即 f 可表示为两个凸函数 p 和 q 之差:

$$f(\boldsymbol{x})=p(\boldsymbol{x})-q(\boldsymbol{x}),\qquad \forall \boldsymbol{x}\in C\tag{5.27}$$

凸函数和凹函数都是 D.C. 函数. 设 $f,\ f_1,\ f_2$ 是 D.C. 函数, 则

$\alpha f_1+\beta f_2$, 其中 $\alpha,\ \beta$ 是实数; $\max\{f_1,f_2\}$; $\min\{f_1,\ f_2\}$; $\mid f\mid$ 仍是 D.C. 函数. 可以证明, 具有二阶连续导数的函数是 D.C. 函数, 定义在凸紧集上的连续函数也是 D.C. 函数.

每一个 D.C. 规划可化为正规 D.C. 规划:

$$\begin{aligned}&\min \langle \boldsymbol{c},\ \boldsymbol{x}\rangle\\&\text{s.t. } h(\boldsymbol{x})\leqslant 0,\ g(\boldsymbol{x})\geqslant 0\end{aligned}\tag{5.28}$$

其中 $c \in \mathbf{R}^n$, h, g 是凸函数. 实际上,我们引进一个新变量 t,令

$$r(\boldsymbol{x}, t) = \max_{i=1, 2, \cdots, m} \{f(\boldsymbol{x}) - t, g_i(\boldsymbol{x})\}$$

则 $r(\boldsymbol{x}, t)$ 是 D. C. 函数,(5.19)等价于下列极小化问题:

$$\min t$$
$$\text{s. t. } r(\boldsymbol{x}, t) \leqslant 0, h_i(\boldsymbol{x}) \leqslant 0 \quad (i = 1, 2, \cdots, r)$$

我们进一步引进一个新变量 z,使得约束 $r(\boldsymbol{x}, t)$ 等价于

$$p(\boldsymbol{x}, t) - z \leqslant 0$$
$$z - q(\boldsymbol{x}, t) \leqslant 0$$

令

$$h(\boldsymbol{x}, t, z) = \max_{i=1, 2, \cdots, r} \{p(\boldsymbol{x}, t) - z, h_i(\boldsymbol{x})\}$$

和

$$g(\boldsymbol{x}, t, z) = q(\boldsymbol{x}, t) - z$$

最后(5.19)化为

$$\min t$$
$$\text{s. t. } h(\boldsymbol{x}, t, z) \leqslant 0, g(\boldsymbol{x}, t, z) \geqslant 0$$

其中 h 和 g 是凸函数.

下面介绍一个解正规 D. C. 规划(5.19)的算法. 令 $H = \{\boldsymbol{x} \mid h(\boldsymbol{x}) \leqslant 0\}$ 和 $G = \{\boldsymbol{x} \mid g(\boldsymbol{x}) \geqslant 0\}$. 我们假设 $H \cap G \neq \varnothing$, H 有界并且它的内点非空: $\text{int } H \neq \varnothing$.

第 1 步　求解下面的凸极小化问题

$$\min_{\boldsymbol{x} \in H} \langle \boldsymbol{c}, \boldsymbol{x} \rangle$$

得到一个解 $\bar{\boldsymbol{x}}$. 如果 $g(\bar{\boldsymbol{x}}) \geqslant 0$,则 $\bar{\boldsymbol{x}}$ 就是(5.19)的解. 令 $\boldsymbol{x}^* := \bar{\boldsymbol{x}}$, 转到第 7 步.

注 5.14　这种情形,约束 G 是非本质的,这是一个凸极小化问题.

第 2 步　对 $\bar{\boldsymbol{x}}$ 作小的变动,求出一点 $\boldsymbol{x}_0 \in \text{int } H$ 并保持 $g(\boldsymbol{x}_0) < 0$.

第 3 步 求一点 $x_1 \in H \bigcap \partial G$; $k := 1$.

第 4 步 求解下面的凸极大化问题:

$$\min g(x)$$
$$\text{s. t. } h(x) \leqslant 0, \langle c, x \rangle \leqslant \langle c, x_k \rangle \tag{5.29}$$

令其解为 x_{k+1}.

第 5 步 如果 $g(x_{k+1}) = 0$, 则 x_{k+1} 就是 (5.19) 的解. 令 $x^* := x_{k+1}$, 转到第 7 步.

第 6 步 求一点 z_{k+1} 使得 $g(z_{k+1}) = 0$; $k := k+1$; 转到第 4 步.

第 7 步 输出 x^*. 停止.

习　题

1. 画出例 5.2 的可行区域. 标出该问题的连续最优解、舍入解、最近可行解和整数最优解的位置.

2. 假设

$$f(x) = x^4 - \frac{4}{3}x^3 - 4x^2 + 10, \ D = [-10, 10]$$

用格点法求 f 在 D 上的总极小值点 ($N = 20$).

3. 假设

$$f(x) = x^4 - \frac{4}{3}x^3 - 4x^2 + 10, \ D = [-10, 10]$$

估计 Lipschitz 常数 L, 用 Evtushenko 法求 f 在 D 上的总极小值点 ($\varepsilon = 0.1$).

4. 假设

$$f(x) = x^4 - \frac{4}{3}x^3 - 4x^2 + 10, \ D = [-10, 10]$$

估计 Lipschitz 常数 L, 用 Piyavski-Shubert 法求 f 在 D 上的总极

小值点 ($\varepsilon = 0.1$).

    5. 设 f_1, f_2 是 D. C. 函数, 证明 $\alpha f_1 + \beta f_2$ (其中 α, β 是实数),

仍是 D. C. 函数.

    6. 设 f_1, f_2 是 D. C. 函数, 证明

$$\max\{f_1, f_2\}, \ \min\{f_1, f_2\}$$

仍是 D. C. 函数.

    7. 设 f 是 D. C. 函数, 证明 $|f|$ 仍是 D. C. 函数.

第六章 求函数总极小值的
积分型理论和方法

摘要：传统的最优化理论和方法是建立在梯度的基础上的. 在建立函数总极小的最优性条件时,我们不能用梯度为零的条件,因为梯度为零的点可能是极大点,可能是极小点,也可能是鞍点. 在这一章里,我们引进以积分为基础的总极值的积分型理论和方法,给出总极小值的最优性条件和算法. 由于可积性对目标函数要求很低,它还可以用来求不连续(丰满)函数的总极小值点.

6.1 总极小值的最优性条件和算法

6.1.1 均值和方差最优性条件

引理 6.1 设 $f: D = \mathbf{R}^n \to \mathbf{R}^1$ 是一个连续函数, $c_0 > c^* = \min f(\boldsymbol{x})$ 是一个给定的常数, 则水平集 $H_{c_0} = \{\boldsymbol{x} \mid f(\boldsymbol{x}) \leqslant c_0\}$ 的测度为正: $\mu(H_{c_0}) > 0$.

证明 由 f 的连续性, 水平集 H_{c_0} 包含非空开集 $\{\boldsymbol{x} \mid f(\boldsymbol{x}) < c_0\}$. 而非空开集的测度为正.

定义 6.1 $f: D \to \mathbf{R}^1$ 是一个连续函数, $c > c^* = \min f(\boldsymbol{x})$. 我们称

$$M(f, c) = \frac{1}{\mu(H_c)} \int_{H_c} f(\boldsymbol{x}) \mathrm{d}\mu \tag{6.1}$$

为 f 在水平集 H_c 上的均值,称

$$V(f, c) = \frac{1}{\mu(H_c)} \int_{H_c} (f(\boldsymbol{x}) - c)^2 \mathrm{d}\mu \qquad (6.2)$$

为 f 在水平集 H_c 上的方差.

由引理 6.1 可知,均值和方差的定义对于 $c > c^*$ 有意义.

(1) $M(f, c) \leqslant c, \ \forall c > c^*$.

(2) 如果 $c_1 \geqslant c_2 > c^*$,则 $M(f, c_1) \geqslant M(f, c_2)$.

(3) 如果 $c_k \to c > c^*$,则 $\lim\limits_{c_k \to c} M(f, c_k) = M(f, c)$.

当 $c = c^*$ 时,测度 $\mu(H_{c^*})$ 可能为零. 我们用极限过程来拓广均值和方差的定义:

$$M(f, c) = \lim_{c_k \to c} M(f, c_k)$$

$$V(f, c) = \lim_{c_k \to c} V(f, c_k)$$

定理 6.1 下列的命题是等价的:

(1) $\bar{c}$ 是总极小值.

(2) $M(f, \bar{c}) = \bar{c}$ (均值条件).

(3) $V(f, \bar{c}) = 0$ (方差条件).

证明 我们只证(1)和(2)是等价的. 设 $\bar{c} = c^*$ 是总极小值,则 $f(\boldsymbol{x}) \geqslant \bar{c}, \ \forall \boldsymbol{x}$. 对于 $c > \bar{c}$,

$$M(f, c) = \frac{1}{\mu(H_c)} \int_{H_c} f(\boldsymbol{x}) \mathrm{d}\mu \geqslant \frac{1}{\mu(H_c)} \int_{H_c} \bar{c} \mathrm{d}\mu = \bar{c}$$

于是

$$\bar{c} \leqslant M(f, c) \leqslant c, \ \forall c > \bar{c}$$

令 $c \to \bar{c}$ 得

$$\bar{c} \leqslant M(f, c) \leqslant \bar{c}$$

即得(2).

反之,设(2)成立: $M(f, \bar{c}) = \bar{c}$,但是 $\bar{c} > c^* = \min f(\boldsymbol{x})$. 令 $2\eta = \bar{c} - c^* > 0$. 我们有

$$\bar{c} = M(f, \bar{c}) = \frac{1}{\mu(H_{\bar{c}})}\int_{H_{\bar{c}}} f(\boldsymbol{x})\,\mathrm{d}\mu$$

$$= \frac{1}{\mu(H_{\bar{c}})}\int_{H_{c^*+\eta}} f(\boldsymbol{x})\mathrm{d}\mu + \frac{1}{\mu(H_{\bar{c}})}\int_{H_{\bar{c}}\backslash H_{c^*+\eta}} f(\boldsymbol{x})\,\mathrm{d}\mu$$

$$\leqslant \frac{\bar{c}}{\mu(H_{\bar{c}})}[\mu(H_{\bar{c}}) - \mu(H_{c^*+\eta})] + \frac{c^*+\eta}{\mu(H_{\bar{c}})}\mu(H_{c^*+\eta})$$

$$= \bar{c} - \beta < \bar{c}$$

其中

$$\beta = (\bar{c} - c^* - \eta)\frac{\mu(H_{c^*+\eta})}{\mu(H_{\bar{c}})} = \eta\frac{\mu(H_{c^*+\eta})}{\mu(H_{\bar{c}})} > 0$$

从而得出矛盾.

6.1.2　均值-方差算法

初始步　取一个实数 $c_0 > c^*$,定义水平集 $H_{c_0} = \{\boldsymbol{x} \mid f(\boldsymbol{x}) \leqslant c_0\}$.

注 6.1　H_{c_0} 非空,并且,$\mu(H_{c_0}) > 0$.

下一步　计算 f 在 H_{c_0} 上的均值和方差

$$c_1 = M(f, c_0) = \frac{1}{\mu(H_{c_0})}\int_{H_{c_0}} f(\boldsymbol{x})\,\mathrm{d}\mu$$

$$v_1 = V(f, c_0) = \frac{1}{\mu(H_{c_0})}\int_{H_{c_0}} (f(\boldsymbol{x}) - c_0)^2\mathrm{d}\mu$$

注 6.2　我们有 $c_0 \geqslant c_1 \geqslant c^*$.

一般情况　对于 $k = 2, 3, \cdots$,令

$$c_k = M(f, c_{k-1}) \text{ 及 } v_k = V(f, c_{k-1})$$

注 6.3　我们得到两个单调序列:

$$c_0 \geqslant c_1 \geqslant \cdots \geqslant c_k \geqslant c_{k+1} \geqslant \cdots \geqslant c^*, \; c_k \to \bar{c}$$

$$H_{c_0} \supset H_{c_1} \supset \cdots \supset H_{c_k} \supset H_{c_{k+1}} \supset \cdots \supset H^*, \; H_{c_k} \to \overline{H}$$

定理 6.2 两个单调序列的极限存在,并且

$$\lim_{k \to \infty} c_k = c^* \; \text{及} \lim_{k \to \infty} H_{c_k} = \bigcap_{k=1}^{\infty} H_{c_k} = H^* \tag{6.3}$$

证明 从算法的构造,

$$c_k = M(f, c_{k-1})$$

上式中令 $k \to \infty$ 得

$$\bar{c} = M(f, \bar{c})$$

因此, $\bar{c} = c^*$ 是总极小值. 此外,

$$\bigcap_{k=1}^{\infty} H_{c_k} = \overline{H} = H_{\bar{c}} = H^*$$

例 6.1 设 $f(x) = |x|^\alpha$, $\alpha > 0$. 求总极小值和总极小值点集.
取 $c_0 = 1$, 则 $H_{c_0} = [-1, 1]$. 这时,

$$c_1 = M(f, c_0) = \frac{1}{2} \int_{-1}^{1} |x|^\alpha \mathrm{d}x = \frac{1}{1+\alpha}$$

我们求得

$$H_{c_1} = \left[-\left(\frac{1}{1+\alpha}\right)^{1/\alpha}, \left(\frac{1}{1+\alpha}\right)^{1/\alpha} \right] \text{和} \mu(H_{c_1}) = 2\left(\frac{1}{1+\alpha}\right)^{1/\alpha}$$

一般地,我们有

$$c_k = \left(\frac{1}{1+\alpha}\right) c_{k-1} = \left(\frac{1}{1+\alpha}\right)^k \quad (k = 1, 2, \cdots)$$

$$H_{c_k} = \left[-\left(\frac{1}{1+\alpha}\right)^{k/\alpha}, \left(\frac{1}{1+\alpha}\right)^{k/\alpha} \right] \quad (k = 1, 2, \cdots)$$

和

$$\mu(H_{c_k}) = 2\left(\frac{1}{1+\alpha}\right)^{k/\alpha} \quad (k = 1, 2, \cdots)$$

从而,

$$c^* = \lim_{k \to \infty} c_k = 0$$

和

$$H^* = \bigcap_{k=1}^{\infty} \left[-\left(\frac{1}{1+\alpha}\right)^{k/\alpha}, \left(\frac{1}{1+\alpha}\right)^{k/\alpha} \right] = \{0\}$$

6.2　积分型算法的 Monte-Carlo 实现

6.2.1　简单模型

考虑在 n 维空间中的简单模型:求函数具有合箱约束的总极小

$$\min_{\boldsymbol{x} \in D} f(\boldsymbol{x}), \ D = \{\boldsymbol{x} \mid \boldsymbol{x} = (x^1, x^2, \cdots, x^n)^{\mathrm{T}}, a^i \leqslant x^i \leqslant b^i,$$
$$i = 1, \cdots, n\} \tag{6.4}$$

我们假设,f 在 D 中有唯一的总极小点 $\boldsymbol{x}^* \in D$. 令 D_k 是包含 H_{c_k} $\bigcap D \ (k = 1, 2, \cdots)$ 的最小立方体:

$$D_k = \{\boldsymbol{x} \mid \boldsymbol{x} = (x^1, x^2, \cdots, x^n)^{\mathrm{T}}, a_k^i \leqslant x^i \leqslant b_k^i,$$
$$i = 1, \cdots, n\} \tag{6.5}$$

其中

$$a_k^i = \inf\{x^i \mid \boldsymbol{x} = (x^1, x^2, \cdots, x^n)^{\mathrm{T}} \in H_{c_k} \bigcap D\}$$
$$b_k^i = \sup\{x^i \mid \boldsymbol{x} = (x^1, x^2, \cdots, x^n)^{\mathrm{T}} \in H_{c_k} \bigcap D\}$$

所以,

$$c^* = \min_{\boldsymbol{x} \in D} f(\boldsymbol{x}) = \min_{\boldsymbol{x} \in H_{c_k} \bigcap D} f(\boldsymbol{x}) = \min_{\boldsymbol{x} \in D_k} f(\boldsymbol{x}) \tag{6.6}$$

不难证明

$$H^* = \{\boldsymbol{x}^*\} = \bigcap_{k=1}^{\infty} D_k \qquad (6.7)$$

在均值-方差算法的每一迭代步中我们用 $M(f, c_k, D_k)$ 来替代 $M(f, c_k)$，其中

$$M(f, c_k, D_k) = \frac{1}{\mu(H_{c_k} \bigcap D_k)} \int_{H_{c_k} \cap D_k} f(\boldsymbol{x}) \, \mathrm{d}\mu$$

用 $V(f, c_k, D_k)$ 来替代 $V(f, c_k)$，其中

$$V(f, c_k, D_k) = \frac{1}{\mu(H_{c_k} \bigcap D_k)} \int_{H_{c_k} \cap D_k} (f(\boldsymbol{x}) - c_k)^2 \, \mathrm{d}\mu$$

积分型算法简单模型的 Monte-Carlo 实现如下：

1. 逼近 H_{c_0} 和 $M(f, c_0; D)$

设 $\boldsymbol{\xi} = (\xi^1, \xi^2, \cdots, \xi^n)^{\mathrm{T}}$ 为在 $[0, 1]^n$ 上独立的 n 维均匀分布的随机数. 令

$$x^i = a^i + (b^i - a^i) \cdot \xi^i \quad (i = 1, 2, \cdots, n) \qquad (6.8)$$

则 $\boldsymbol{x} = (x^1, x^2, \cdots, x^n)^{\mathrm{T}}$ 为 D 上的均匀分布的随机数.

取 km 个子样并在这些样本点上计算函数值 $f(\boldsymbol{x}_j)$ $(j = 1, 2, \cdots, km)$. 比较其函数值的大小，我们得到一个样本点的集合 W，其中包括对应于 t 个最小函数值的点 $FV[j]$ $(j = 1, 2, \cdots, t)$，它们按大小次序排列，

$$FV[1] \geqslant FV[2] \geqslant \cdots \geqslant FV[t] \qquad (6.9)$$

集合 W 称为接受集，它可看作水平集 H_{c_0} 的逼近，其中 $c_0 = FV[1]$ 是 $\{FV[j]\}$ 中最大的一个. t 称为统计指标. 可以看出，对于任一点 $\boldsymbol{x} \in W$, $f(\boldsymbol{x}) \leqslant c_0$. 此外，$f$ 在水平集 H_{c_0} 的均值可以用 $\{FV[j]\}$ 的均值来逼近：

$$c_1 = M(f, c_0; D) \approx (FV[1] + \cdots + FV[t])/t \qquad (6.10)$$

注 6.4　统计指标 t 的选取是带有经验性的，它的大小对于算法

的实现很关键. 选得太小, 总极值点容易掉; 选得太大, 计算量会变得很大. 此外, 它还与问题的变量有关. 读者可以从给出的 MATLAB 程序: data_input.m 看到我们给出的 t, 提供给使用者参考.

2. 由 W 产生新的投点区域

可以用统计方法产生新的投点 n 维区域:

$$D_1 = \{\boldsymbol{x} \mid \boldsymbol{x} = (x^1, x^2, \cdots, x^n)^{\mathrm{T}}, a_1^i \leqslant x^i \leqslant b_1^i,$$
$$i = 1, 2, \cdots, n\} \tag{6.11}$$

假设在 W 中的样本为 $\tau_1, \tau_2, \cdots, \tau_t$. 令

$$\sigma_0^i = \min\{\tau_1^i, \tau_2^i, \cdots, \tau_t^i\}, \sigma_1^i = \max\{\tau_1^i, \tau_2^i, \cdots, \tau_t^i\}$$
$$(i = 1, 2, \cdots, n) \tag{6.12}$$

其中 $\boldsymbol{\tau}_j = (\tau_j^1, \tau_j^2, \cdots, \tau_j^n)$ $(j = 1, 2, \cdots, t)$. 我们用

$$a^i = \sigma_0^i - \frac{\sigma_1^i - \sigma_0^i}{t-1} \quad \text{和} \quad b^i = \sigma_1^i + \frac{\sigma_1^i - \sigma_0^i}{t-1} \tag{6.13}$$

作为估计来产生 a_1^i 和 b_1^i $(i=1, 2, \cdots, n)$.

注 6.5 设 $\boldsymbol{\xi}$ 是 (a, b) 上的某种分布, 其中端点 a、b 是未知的. 我们可以用 $\boldsymbol{\xi}$ 的 t 个随机子样构成的统计量对 a、b 进行估计, 而式 (6.13) 是新的投点区域端点的无偏估计.

3. 迭代过程继续

现在我们从新的区域 D_1 中取样本点. 取一个随机子样 $\boldsymbol{x} = (x^1, x^2, \cdots, x^n)^{\mathrm{T}} \in D_1$, 其中

$$x^i = a_1^i + (b_1^i - a_1^i) \cdot \xi^i \quad (i = 1, 2, \cdots, n) \tag{6.14}$$

计算 $f(\boldsymbol{x})$. 如果 $f(\boldsymbol{x}) \geqslant FV[1]$, 则弃这样本点; 否则更新集合 $\{FV[j]\}$ 和 W 使得 $\{FV[j]\}$ 由 t 个至此函数值最小的点组成. 接受集 W 作相应的更新. 重复这个过程直至 $FV[1] \leqslant c_1$, 我们得到 FV 和 W.

4. 迭代解

每次迭代, 集 $\{FV[j]\}$ 中的最小值 $FV[t]$ 及 W 中对应的点可

作为迭代解.

5. 收敛判别

每次迭代,函数的样本方差 v_f:

$$v_f = \frac{1}{t-1} \sum_{j=2}^{t} (FV[j] - FV[1])^2 \tag{6.15}$$

可作为 $V_1(f, c_k; D_k)$ 的逼近. 如果 v_f 小于给定的精度 ε,则迭代终止. 在第四步中的迭代解可作为总极小值和总极小值点的逼近.

在一定的假设下,我们可以证明:

定理 6.3 要从初始体积为 1 的区域中找出位于体积为 δ^n 的小区域的总极小值点,其函数计算量 N_f 的渐近估计为

$$N_f \leqslant K_f \cdot \log\left(\frac{1}{\delta^n}\right) \cdot \log\log\left(\frac{1}{\delta^n}\right), \text{ 当 } \delta \to 0 \tag{6.16}$$

其中 K_f 是与 δ 无关的常数(但与 f 有关).

注 6.6 在积分型算法中,每次迭代时须计算均值和方差,它们都是 n 重积分. 我们用 Monte-Carlo 方法去求它们. 用 Monte-Carlo 方法求积分的优点是与维数无关,但其精度的阶为 $\sigma/\sqrt{t}$,其中 t 是子样个数,σ^2 是子样方差. 当函数的均值趋于总极值时,其方差趋于 0. 因此,虽然子样个数 t 取得并不大,Monte-Carlo 逼近会趋于精确.

6.2.2 区域变动策略

设 G 为 $\mathbf{R}^n$ 中的一个有界闭区域,f 是一个下半连续函数. 如果 f 的形态差,初始搜索区域 G 取得不好,f 的偏畸率很大. 若为了减少计算量而用较小的统计指标,极值点溢出搜索区域的概率就会变大. 又如果考虑无约束问题,f 在边界上达到极值,而实际上的总极值点在 G 的外面. 如果在迭代过程中及时发现这种情况,适时地改变搜索区域,向取优方向扩大搜索区域,则可以克服这些困难. 基于这种考虑,我们提出下面的区域变动策略.

设 c_0 是给定的实数,G_0 为初始搜索区域, 并且 $\mu(H_{c_0} \bigcap G_0) > 0$. 令

$$c_1 = M(f, c_0; G_0) = \frac{1}{\mu(H_{c_0} \bigcap G_0)} \int_{H_{c_0} \bigcap G_0} f(\boldsymbol{x}) \, \mathrm{d}\mu$$

则

$$c_0 \geqslant c_1 \geqslant \min_{\boldsymbol{x} \in G_0} f(\boldsymbol{x})$$

取一个搜索区域 G_1 使得

$$G_0 \bigcap H_{c_1} \subset G_1$$

值得注意的是, 我们并不要求 $G_0 \subset G_1$, 只要求 $H_{c_1} \bigcap G_0 \subset H_{c_1} \bigcap G_1$ 并且

$$\mu(H_{c_1} \bigcap G_1) \geqslant \mu(H_{c_1} \bigcap G_0) > 0$$

令

$$c_2 = M(f, c_1; G_1)$$

一般地,我们要求

$$G_k \bigcap H_{c_{k+1}} \subset G_{k+1} \quad (k = 0, 1, 2, \cdots)$$

令

$$c_{k+1} = M(f, c_k; G_k) \quad (k = 0, 1, 2, \cdots)$$

以此方式, 我们构造了下面两个序列:

$$c_0 \geqslant c_1 \geqslant \cdots \geqslant c_k \geqslant c_{k+1} \geqslant \cdots$$

和

$$H_{c_0} \supset H_{c_1} \supset \cdots H_{c_k} \supset H_{c_{k+1}} \supset \cdots$$

令

$$c^* = \lim_{k \to \infty} c_k$$

和

$$H^* = \lim_{k \to \infty} H_{c_k} = \bigcap_{k=1}^{\infty} H_{c_k}$$

不难证明如下定理:

定理 6.4 极限 c^* 是 f 在集合

$$G_L = \text{cl}(\bigcup_{k=1}^{\infty} G_k)$$

上的总极小, $H^* \bigcap G_L$ 是对应的总极小点集.

6.3 丰满函数在丰满约束集上的总极值

在积分型算法中,目标函数 f 不一定要是连续的. 当然,它必须是可测的. 然而,单单可测性还不够. 例如,函数

$$f(x) = \begin{cases} x, & x \in [-1,0) \\ -2, & x = 0 \\ -x, & x \in (0,1] \end{cases}$$

是下半连续的(可测)函数, $x = 0$ 是它的极小点,但是,无法从 $x = 0$ 邻近递减趋于它. 我们还要求目标函数 f 是在丰满约束集上的丰满函数.

定义 6.2 n 维空间 $\mathbf{R}^n$ 的子集 D 称为丰满的,如果

$$\text{cl int } D = \text{cl } D \tag{6.17}$$

其中 int D 表示 D 的内点集,cl D 表示 D 的闭包.

丰满集 D 由它的丰满点组成. 点 $\boldsymbol{x}$ 称为 D 的丰满点,如果它的任一邻域 $N(\boldsymbol{x})$ 和 D 的内点集的交非空:

$$N(\boldsymbol{x}) \bigcap \text{int } D \neq \varnothing$$

开集 G 是丰满的, 因为 int $G = G$. 闭集也可能是丰满的. 丰满集的并是丰满的. 但是,丰满集的交不一定是丰满的,丰满集和开集的交是丰满的.

大家知道,函数 f 是连续的,如果对于任何的开集 $G, f^{-1}(G)$ 是开的.

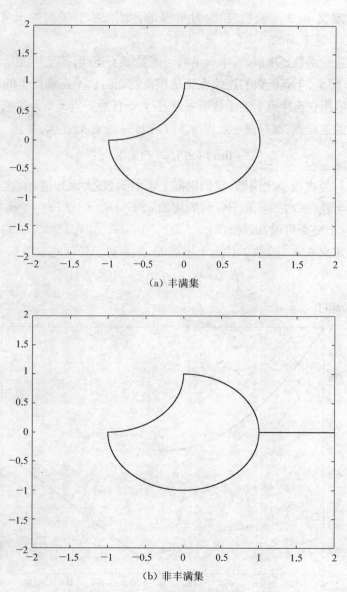

（a）丰满集

（b）非丰满集

图 6-1 丰满集与非丰满集

定义 6.3 函数 f 称为丰满的,如果对于任何的开集 G, $f^{-1}(G)$ 是丰满的.

连续函数是丰满的,丰满函数可能是很不连续,甚至可能是不可测的. 但是,丰满函数的连续点集是稠密的,而且,不连续点上的函数值可以用它连续点上的函数值去逼近:对于任意一点 x_0,无论它是否是 f 的连续点,都存在一点列 $\{x_n\}$,f 在每一点 x_n 处连续,并且

$$\lim_{n \to \infty} f(x_n) = f(x_0)$$

如果只考虑极小化问题,我们只需上丰满函数. 大家知道,函数 f 称为上半连续的,如果对于任何的实数 c,$F_c = \{x \mid f(x) < c\}$ 是开的. 这个概念可以加以推广:

定义 6.4 函数 f 称为上丰满的,如果对于任何的实数 c,集合

$$F_c = \{x \mid f(x) < c\}$$

是丰满的.

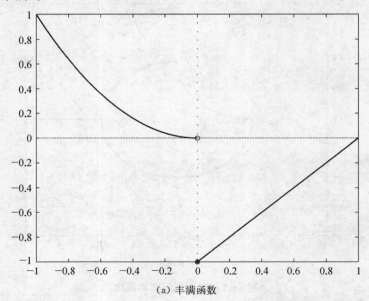

(a) 丰满函数

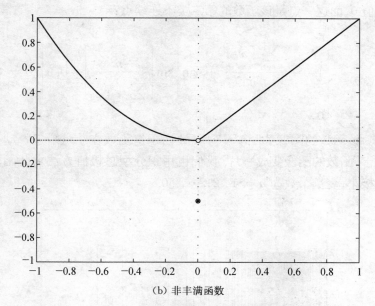

（b）非丰满函数

图 6-2　丰满函数与非丰满函数

上半连续函数一定是上丰满函数,反之不然. f 为上丰满函数的充分必要条件是 F_c 的每一点是 f 的上丰满点: $x \in F_c$,推出 x 是 F_c 的丰满点. 如果 $\alpha > 0$, f 为上丰满函数,则 αf 也是上丰满函数. 如果 f 和 g 是上丰满的,则它们的和 $f+g$ 不一定是上丰满函数. 例如,令

$$f(x) = \begin{cases} 1, & x > 0 \\ 0, & x \leqslant 0 \end{cases} \quad g(x) = \begin{cases} 0, & x \geqslant 0 \\ 1, & x < 0 \end{cases}$$

它们都是丰满函数,然而它们的和

$$f(x) + g(x) = \begin{cases} 1, & x \neq 0 \\ 0, & x = 0 \end{cases}$$

是非丰满的,但是如果 f 或 g 中有一个还是上半连续的,则它们的和 $f+g$ 是上丰满函数.

一个上丰满函数的典型例子是下面的函数,它在 $x = 0$ 处有极

小值 0,而这一点是该函数的第二类不连续点:

$$f(x) = \begin{cases} 1.0 + \dfrac{\displaystyle\sum_{i=1}^{n}|x_i|}{n} + \mathrm{sgn}\left[\sin\left(\dfrac{n}{\displaystyle\sum_{i=1}^{n}|x_i|}\right) - 0.5\right], & x \neq 0 \\[4mm] 0, & x = 0 \end{cases}$$

该函数的图像如图 6-3 所示. 由于这函数在 0 点附近抖动很厉害,函数的图像变成一片. 我们也用积分型总极值方法求此函数的极小,变量个数为 $n = 1, 2, \cdots, 50$.

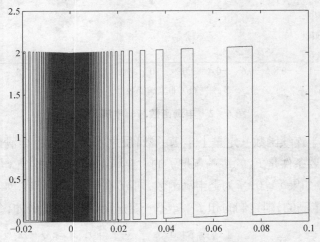

图 6-3 具有第二类不连续点的丰满函数

丰满集和丰满函数具有丰富的性质,丰满分析是积分型总极值的理论基础之一.

6.3.1 不连续罚函数与有约束问题的罚函数方法

我们用不连续罚函数方法来解有约束问题:

$$c^* = \min_{x \in S} f(x) \tag{6.18}$$

其中 S 是约束集. 关于约束集 S 的不连续罚函数定义如下:

定义 6.5 定义在 n 维空间上的函数 $p(\boldsymbol{x})$ 是关于约束集 S 的不连续罚函数, 如果

(1) p 是下半连续函数;

(2) $p(\boldsymbol{x}) = 0$, 如果 $\boldsymbol{x} \in S$;

(3) $\inf\limits_{\boldsymbol{x} \notin S_\beta} p(\boldsymbol{x}) > 0$, 其中 $S_\beta = \{u \mid d(u, v) \leqslant \beta, \ \forall v \in S\}$ 和 $\beta > 0$.

注 6.7 在上面的定义中, 因为要用不连续罚函数, 我们放松了连续性的要求. 条件(3)要求在约束集 S 外, 罚函数 $p(\boldsymbol{x}) > 0$.

用罚函数 p, 我们考虑加罚无约束极小化问题:

$$\min_{\boldsymbol{x} \in X} \{f(\boldsymbol{x}) + \alpha p(\boldsymbol{x})\} \tag{6.19}$$

其中 $\alpha(>0)$ 是罚参数.

定义 6.6 关于约束集 S 的罚函数 p 称为精确罚函数, 如果存在一个实数 $\alpha_0 > 0$, 使得对于任意的 $\alpha \geqslant \alpha_0$, 有

$$\min_{\boldsymbol{x} \in X} \{f(\boldsymbol{x}) + \alpha p(\boldsymbol{x})\} = \min_{\boldsymbol{x} \in S} f(\boldsymbol{x}) = c^* \tag{6.20}$$

和

$$\{\boldsymbol{x} \mid f(\boldsymbol{x}) + \alpha p(\boldsymbol{x}) = c^*\} = \{\boldsymbol{x} \mid f(\boldsymbol{x}) = c^*, \ \boldsymbol{x} \in S\} = H^* \tag{6.21}$$

现在我们对有约束问题来构造一类不连续的罚函数, 令

$$p(\boldsymbol{x}) = \begin{cases} 0, & \boldsymbol{x} \in S \\ \delta + d(\boldsymbol{x}), & \boldsymbol{x} \notin S \end{cases} \tag{6.22}$$

其中 δ 是一个正数, $d(\boldsymbol{x})$ 是像罚函数一样的函数.

命题 6.1 如果 d 是上丰满的, 则上述罚函数 p 在 S 上是上丰满的.

证明 对于任意 c, 我们有

$$\{\boldsymbol{x} \mid p(\boldsymbol{x}) < c, \ \boldsymbol{x} \in S\} = \begin{cases} \varnothing, & \text{若} c < 0 \\ S, & \text{若} 0 \leqslant c \leqslant \delta \\ \{\boldsymbol{x} \mid \delta + d(\boldsymbol{x}) < c, \ \boldsymbol{x} \in S\}, & \text{若} c > \delta \end{cases}$$

我们知道, $\varnothing$ 和 S 是丰满的. 集合 $\{x \in S \mid \delta + d(x) < c\}$ 是丰满的, 这是因为我们假设 $d(x)$ 是上丰满的, 故 $p(x)$ 在 S 上是上丰满的.

命题 6.2 如果 f 是上半连续的, p 是上丰满的; 或者 f 是上丰满的, p 是上半连续的, 则对于任意的 $\alpha > 0$, 函数 $f + \alpha p$ 在 S 上是上丰满的.

证明 如果 p 在 S 上是上丰满的, 则 αp $(\alpha > 0)$ 也在 S 上是上丰满的. 如果 f 是上半连续的, 则作为上半连续的与上丰满的函数之和 $f + \alpha p$ 也是上丰满的.

如果 f 在 S 上是上丰满的, 则我们不能直接应用此结果来证明 $f + \alpha p$ 在 S 上是上丰满的. 我们把所有的有理数排序 $r_1, r_2, \cdots$. 对于任何的实数 c, 我们有

$$\{x \mid f(x) + \alpha p(x) < c, \, x \in S\} = \bigcup_{k=1}^{\infty} (\{x \mid f(x) < r_k, \, x \in S\} \cap \{x \mid \alpha p(x) < c - r_k, \, x \in S\}) \quad (6.23)$$

我们知道

$$\{x \mid \alpha p(x) < c - r_k, \, x \in S\} = \{x \mid p(x) < g_k, \, x \in S\}$$

$$= \begin{cases} \varnothing, & \text{若 } g_k < 0 \\ S, & \text{若 } 0 \leqslant g_k \leqslant \delta \\ G \cap S, & \text{若 } g_k > \delta \end{cases} \quad (6.24)$$

其中

$$g_k = \frac{c - r_k}{\alpha}, \, G = \{x \mid \delta + d(x) < g_k\} = \{x \mid d(x) < g_k - \delta\} \quad (6.25)$$

因为 d 是上半连续的, 故 G 是开的, 所以 $G \cap S$ 是丰满的. 于是 (6.23) 中的每一项或者是 $\varnothing$, 都是丰满的; 或者是 $\{x \mid f(x) < r_k, \, x \in S\} \cap S$, 它也是丰满的, 因为 f 在 S 上是上丰满的; 或者是 $\{x \mid f(x) < r_k, \, x \in S\} \cap G \cap S$, 它是丰满集与开集的交, 也是丰满的. 作为丰满集的并, 对于任意的 c, 集合 $\{x \mid f(x) = \alpha p(x) < c\}$,

$x \in S$} 是丰满的. 从而函数 $f + \alpha p$ 在 S 上是上丰满的.

定理 6.5 假设 f 有下界,S 是紧集,则罚函数 (6.22)是精确的,即存在一个常数 α_0, 使得对于任一个 $\alpha \geqslant \alpha_0$,

$$c^* = \min_{x \in S} f(x) = \min F(x, \alpha) = \min F(x, \alpha_0) \quad (6.26)$$

并且

$$H^* = \{x \mid f(x) = c^*, \; x \in S\}$$
$$= \{x \mid F(x, \alpha) = c^*, \; x \in \mathbf{R}^n\} \quad (6.27)$$

证明 因为 f 有下界, 所以存在一个常数 $M < \infty$, 使得 $-f(x) < M$, $\forall x \in \mathbf{R}^n$. 令 $\max_{x \in S} |f(x)| = M_1$, 并取

$$\alpha_0 = (M + M_1) / \delta$$

显然

$$\inf_{x \in \mathbf{R}^n} F(x, \alpha_0) \leqslant \min_{x \in S} F(x, \alpha_0)$$

假设不等式是严格的:

$$\inf_{x \in \mathbf{R}^n} F(x, \alpha_0) < \min_{x \in S} F(x, \alpha_0)$$

则有一点 $\bar{x} \in \mathbf{R}^n$ 使得

$$F(\bar{x}, \alpha_0) < c^* \quad (6.28)$$

若 $\bar{x} \in S$, 则由 p 的定义(6.22)推出

$$F(\bar{x}, \alpha_0) = f(\bar{x}) + \alpha_0 p(\bar{x}) = f(\bar{x}) \geqslant c^*$$

与式(6.28)矛盾. 若 $\bar{x} \notin S$, 则

$$F(\bar{x}, \alpha_0) = f(\bar{x}) + \alpha_0 p(\bar{x}) > f(\bar{x}) + M + M_1 \geqslant M_1 \geqslant c^*$$

这也与式(6.28)矛盾. 从而得出

$$\inf_{x \in \mathbf{R}^n} F(x, \alpha_0) = \min_{x \in S} F(x, \alpha_0)$$

但是在 S 上 $p(x) = 0$, 因此

$$\min_{\mathbf{x} \in S} F(\mathbf{x}, \alpha_0) = \min_{\mathbf{x} \in S} f(\mathbf{x})$$

从而证得(6.26). 因为 $F(\mathbf{x}, \alpha_0) > c^*$, $\forall \mathbf{x} \notin S$, 并且 $F(\mathbf{x}, \alpha_0) = f(\mathbf{x})$, $\forall \mathbf{x} \in S$, 由此得出(6.27).

例 6.2 考虑不等式约束问题, 其中

$$S = \{\mathbf{x} \mid g_i(\mathbf{x}) \leqslant 0, \ i = 1, 2, \cdots, r\}$$

我们可取

$$d(\mathbf{x}) = \sum_{i=1}^{r} \| \max(g_i(\mathbf{x}), 0) \|^\rho$$

或

$$d(\mathbf{x}) = \max_{i=1, 2, \cdots, r} \| \max(g_i(\mathbf{x}), 0) \|^\rho$$

其中 $\rho > 0$. 如果 $g_i \ (i = 1, 2, \cdots, r)$ 是连续的, 则 d 也是连续的.

下面是一个罚函数算法:

步骤 1 取 $c_0 > \min\limits_{u \in S} f(\mathbf{x})$; $\varepsilon > 0$; $n := 0$; $\beta > 1.0$; $H_0 = \{\mathbf{x} \mid f(\mathbf{x}) + \alpha_0 p(\mathbf{x}) \leqslant c_0\}$;

步骤 2 计算均值

$$c_{n+1} = \frac{1}{\mu(H_n)} \int_{H_n} [f(\mathbf{x}) + \alpha_n p(\mathbf{x})] \mathrm{d}\mu \tag{6.29}$$

步骤 3 计算方差

$$v_{n+1} = \frac{1}{\mu(H_n)} \int_{H_n} (f(\mathbf{x}) + \alpha_n p(\mathbf{x}) - c_n)^2 \mathrm{d}\mu \tag{6.30}$$

若 $v_{n+1} \geqslant \varepsilon$, 则 $n := n+1$ 及 $\alpha_{n+1} = \alpha_n \cdot \beta$, 转向步骤 2; 否则, 转向步骤 4;

步骤 4 $c^* \Leftarrow c_{n+1}$; $H^* \Leftarrow H_{c_{n+1}}$; 终止.

经有限步迭代后, 算法可能终止. 在此情形, 我们令 $c_{n+k} = c_n$ 和 $H_{n+k} = H_n \ (k = 1, 2, \cdots)$.

对 $\varepsilon = 0$ 应用上述算法, 我们得到

$$c_1 \geqslant c_2 \geqslant \cdots \geqslant c_n \geqslant c_{n+1} \geqslant q \cdots \qquad (6.31)$$

及

$$H_1 \supset H_2 \supset \cdots \supset H_n \supset H_{n+1} \supset \cdots \qquad (6.32)$$

定理 6.6 应用上述算法，我们有

$$\lim_{n \to \infty} c_n = c^* = \min_{x \in S} f(x) \qquad (6.33)$$

和

$$\lim_{n \to \infty} H_n = \bigcap_{k=1}^{\infty} H_n = H^* \qquad (6.34)$$

6.3.2　整数规划和混合规划

整数规划和混合规划可以用罚函数法求解.

例 6.3 考虑下列组合最优化问题. 令

$$Z_+^n = \{z \mid z = (z^1, z^2, \cdots, z^n)^{\mathrm{T}}, z^i \text{ 是非负整数}, i = 1, 2, \cdots, n\}$$

S 是 Z_+^n 的有限集，$f: S \to \mathbf{R}^1$ 是 S 上的函数.

令 $f(z) = f(z^1, z^2, \cdots, z^n)$. 组合最优化问题为求 f 在 S 上的极小值：

$$c^* = \min_{z \in S} f(z)$$

和极小点集

$$H^* = \{z \mid f(z) = c^*, z \in S\}$$

在此，H^* 是非空的.

我们现在把这问题放在 $\mathbf{R}^n$ 中来处理. 令

$$D = \{x \mid x = (x^1, x^2, \cdots, x^n)^{\mathrm{T}} \in \mathbf{R}^n,$$
$$([x^1 + 0.5], \cdots, [x^n + 0.5]) \in S\}$$

和

$$F(x) = f([x^1 + 0.5], \cdots, [x^n + 0.5])$$

其中 $[a]$ 表示实数 a 的整数部分. 设 x^* 是 F 在 D 上的总极小点,即

$$F(x^*) = \min_{x \in D} F(x)$$

由此求得组合最优化问题的解.

6.4 应 用 实 例

6.4.1 微波阶梯阻抗变换器的最优设计

微波多级阶梯阻抗变换器是设计微波电路时的重要电路结构. 要求设计一个 m 节阶梯阻抗变换器,其工作频带为 $[f_1, f_2]$,阻抗变换比为 Z_g/Z_0. 令 $f_0 = (f_1 + f_2)/2$ 为其中心频率,则其带宽为 $w_q = (f_2 - f_1)/f_0$.

我们可以用一个与它等效的四端网络来分析变换器. 变换器的参数矩阵为

$$\begin{bmatrix} A & B \\ C & D \end{bmatrix} = \prod_{k=1}^{m} \begin{bmatrix} \cos\theta_k & jZ_k\sin\theta_k \\ j\sin\theta_k/Z_k & \cos\theta_k \end{bmatrix}$$

其中 Z_k 为第 k 级特性阻抗,θ_k 为电长度,L_k 为物理长度:

$$\theta_k = 2\pi f L_k = \frac{\pi}{2}(4f_0 L_k)\frac{f}{f_0} = \frac{\pi}{2}\frac{f}{f_0}$$

令

$$4f_0 L_k = 1 + \alpha_k$$

则四分之一波长 $L_k = \lambda_0/4$ 对应于 $\alpha_k = 0$.

考虑归一化后的情形. 设中心频率 $f_0 = 1$,输出端阻抗为 $Z_0 = 1(\Omega)$,输入端阻抗为 $Z_{m+1} = R$. 我们有

$$\begin{bmatrix} U_1 \\ I_1 \end{bmatrix} = \begin{bmatrix} A & B \\ C & D \end{bmatrix} \begin{bmatrix} U_2 \\ I_2 \end{bmatrix}$$

这时输入阻抗为

$$Z = \frac{U_1}{I_1} = \frac{AU_2 + BI_2}{CU_2 + DI_2} = \frac{A + B}{C + D}$$

反射率为

$$r = \frac{Z - R}{Z + R} = \frac{(A - RD) + (B - RC)}{(A + RD) + (B + RC)}$$

反射系数为

$$|r|^2 = \left| \frac{Z - R}{Z + R} \right|^2$$

其对应的电压驻波比

$$\rho = \frac{1 + |r|}{1 - |r|}$$

应该指出,反射率 r 和电压驻波比 ρ 是网络参数 A, B, C, D 的函数,而这些参数又是 α_k, $Z_k (k = 1, 2, \cdots, m)$ 的函数. 此外,r 或 ρ 也是频率 f 的函数. 令 $x_k = \alpha_k$ 和 $x_{m+k} = Z_k (k = 1, 2, \cdots, m)$,则 $r = r(f, \boldsymbol{x})$.

阻抗变换器设计要求是在给定节数 m,带宽 w_q 和阻抗变换比 $Z_g / Z_R (Z_g = Z_{m+1}, Z_g = Z_0)$,在归一化 $(Z_g / Z_R = R)$ 后,选择参数 α_1, α_2, $\cdots$, α_m, Z_1, Z_2, $\cdots$, Z_m,使得 $|r|^2$ 或 ρ 的极大

$$F(\boldsymbol{x}) = \max_{f_1 \leqslant f \leqslant f_2} |r(f, \boldsymbol{x})|^2$$

或

$$F_1(\boldsymbol{x}) = \max_{f_1 \leqslant f \leqslant f_2} |\rho(f, \boldsymbol{x})| \tag{6.35}$$

达到极小,并满足约束:

$$2 \geqslant \alpha_k \geqslant -1, \; Z_k \geqslant 0 \quad (k = 1, 2, \cdots, m) \tag{6.36}$$

我们给出两个计算例子. 先把目标函数 (6.35) 简化为

$$F = \max_{k=0, 1, \cdots, K} |r(e_k, \boldsymbol{x})|^2$$

其中

$$e_k = f_1 + \frac{k}{K}(f_2 - f_1) \quad (k = 0, 1, \cdots, K)$$

如果 K 取得太小，会把$|r|^2$解的峰值移到所取样点的间隙之间. 在下面的计算中，我们取 $K = 100$.

计算例子 1　设计一个三节阻抗变换器，要求带宽为 $w_q = 1.4$，阻抗变换比为 $R = 10$. 我们得到的解为

$$(1.0, 0.0, 0.0, 1.895\,359, 3.499\,517, 6.912\,576)$$
$$\text{其中 } r = 0.192\,426\,9, \rho = 2.562\,934 \tag{6.37}$$

注 6.7　如果用契贝晓夫设计参数于此问题，我们得到

$$(0.0, 0.0, 0.0, 2.159, 3.162\,278, 4.631\,774)$$
$$\text{其中 } r = 0.279\,034\,1, \rho = 3.239\,415$$

与最优设计(6.37)相比，差别是显著的.

计算例子 2　设计一个四节阻抗变换器，要求带宽为 $w_q = 1.6$，阻抗变换比为 $R = 10$. 我们得到的解为

$$(1.0, 1.0, 0.0, 0.0, 1.550\,385, 2.704\,706, 3.561\,976, 6.984\,626)$$
$$\text{其中 } r = 0.197\,904\,2, \rho = 2.602\,723 \tag{6.38}$$

我们还得到另一个解：

$$(0.0, 0.0, 1.0, 1.0, 1.500\,824, 2.942\,307, 3.729\,48, 6.655\,634)$$
$$\text{其中 } r = 0.199\,289, \rho = 2.612\,834 \tag{6.39}$$

注 6.8　如果用契贝晓夫设计参数于此问题，我们得到

$$(0.0, 0.0, 0.0, 0.0, 2.213, 2.798, 3.573\,981, 4.518\,753)$$
$$\text{其中 } r = 0.351\,572\,4, \rho = 3.913\,225$$

与最优设计(6.38)或(6.39)相比，差别是显著的(参见图 6-4).

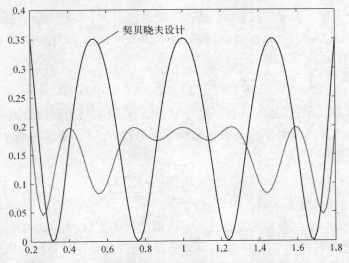

图 6 - 4　四节阻抗变换器：最优设计与契贝晓夫设计比较

6.4.2　光学薄膜自动设计

　　光学多层薄膜的光学性能用其反射率表示，反射率是各层膜的折射率、膜厚及使用波长 λ 的复杂函数. m 层薄膜的反射率为

$$R[\lambda] = \left| \frac{\eta_0 - Y}{\eta_0 + Y} \right|^2$$

其中

$$Y = \frac{c}{B}$$

$$\begin{bmatrix} B \\ c \end{bmatrix} = \left\{ \prod_{r=1}^{m} \begin{bmatrix} \cos \delta_r & i \sin \delta_r / \eta_r \\ i \sin \delta_r \cdot \eta_r & \cos \delta_r \end{bmatrix} \right\} \begin{bmatrix} 1 \\ \eta_{m+1} \end{bmatrix}$$

$$\delta_r = \frac{2\pi n_r d_r \cos \theta_r}{\lambda}$$

$$\eta_r = \begin{cases} n_r \cos \theta_r, & s\text{-极化波} \\ n_r / \cos \theta_r, & p\text{-极化波} \end{cases} \quad (r = 1, 2, \cdots, m+1)$$

式中 λ 是入射光的波长, n_r 是各层膜的折射率, n_0 是入射介质的折射率, n_{m+1} 是衬底(如玻璃)的折射率, θ_0 是入射角, θ_r 是各层的折射角, 由 Shell 折射定律

$$n_0 \sin \theta_0 = n_r \sin \theta_r \quad (r = 1, 2, \cdots, m, m+1)$$

定出, d_r 是各层膜的几何厚度. 一旦薄膜系统的结构参数给出后, 就可以计算出反射率的 s 和 p 分量 $R_s[\lambda]$ 和 $R_p[\lambda]$. 薄膜系统的在 λ 处反射率为

$$R[\lambda] = \frac{R_s[\lambda] + R_p[\lambda]}{2}$$

光学多层薄膜的设计任务是选取适当的层数、各层膜的折射率和膜厚, 以获得要求的特征. 所谓自动设计, 就是用计算机选取设计参数, 使得在使用波段上设计反射率 $R[\lambda]$ 和目标反射率 $RD[\lambda]$ 的偏差达到极小, 这就构成了评价函数

$$F = \sum_{\lambda} \omega_{\lambda} \mid R[\lambda] - RD[\lambda] \mid^p \qquad (6.40)$$

其中 $\omega_{\lambda} > 0$ 是按实际需要确定的权重, $p \geqslant 1$. 该评价函数是厚度 $d_r(r = 1, 2, \cdots, m)$ 和介质的折射率 $n_r(r = 0, 1, \cdots, m, m+1)$ 的函数(通常 n_0, n_{m+1} 是给定的). 令

$$\boldsymbol{x} = (x_1, \cdots, x_{2m})^{\mathrm{T}} = (n_1, \cdots, n_m; n_1 d_1, \cdots, n_m d_m)^{\mathrm{T}}$$

自动设计就是使上述评价函数达到极小的最优设计. 因为介质的折射率只有有限种, 各层膜的几何厚度可以连续变化, 这是一个混合规划问题. 我们用积分型总极值方法对减反膜, 高通、低通光学滤波器, 中性分光镜, 消偏振分光镜等一系列光学多层薄膜进行了自动设计, 得到了很好的结果.

设计例子 设计一个三层减反膜, 在可见光范围内 $400m\alpha \sim 700m\mu$, $RD[\lambda] = 0$. 由空气垂直入射 $n_0 = 1.0$, 衬底的折射率为 $n_{m+1} = 1.75$. 这是一个 6 个变量的问题, 可行区域为

$$D = \{\boldsymbol{x} \mid \boldsymbol{x} = (x_1, x_2, \cdots, x_6)^{\mathrm{T}}, x_1, x_2, x_3 \in I,$$
$$50m\mu \leqslant x_4, x_5, x_6 \leqslant 400m\alpha\}$$

前三个变量为介质的折射率,只有有限种

$$I = \{1.35, 1.38, 1.46, 1.52, 1.59, 1.60, 1.63, 1.75, 1.80$$
$$1.92, 1.95, 2.00, 2.04, 2.10, 2.20, 2.30, 1.35\}$$

在式(6.40)中我们取 31 个波点,$\omega = 1$,对于 $p = 1$,$p = 2$,$p = \infty$ 得到:

$$n_1 = 1.35, \quad n_2 = 1.95, \quad n_3 = 1.59$$
$$n_1 d_1 = 127.993\ 1, \quad n_2 d_2 = 254.201\ 2, \quad n_3 d_3 = 255.316\ 2$$

目标函数　$F_1^* = 3.736\ 104 \cdot 10^{-2}$

$$n_1 = 1.35, \quad n_2 = 1.95, \quad n_3 = 1.59$$
$$n_1 d_1 = 127.447\ 4, \quad n_2 d_2 = 254.050\ 7, \quad n_3 d_3 = 254.608\ 1$$

目标函数　$F_2^* = 6.454\ 903 \cdot 10^{-5}$

$$n_1 = 1.35, \quad n_2 = 1.92, \quad n_3 = 1.59$$
$$n_1 d_1 = 127.335\ 3, \quad n_2 d_2 = 254.464\ 1, \quad n_3 d_3 = 254.576\ 9$$

目标函数　$F_\infty^* = 2.440\ 555 \cdot 10^{-3}$

注 6.9　在传统的宽带减反膜的设计方法中,只讨论 $\lambda/4$ - $\lambda/2$ - $\lambda/4$ 和 $\lambda/4$ - $\lambda/4$ - $\lambda/4$ 两类膜系,我们的计算表明,这两类膜系只对较低折射率的基底($1.50 \sim 1.65$)有较好的效果,而对较高折射率的基底玻璃,减反射效果显得很差. 但是,在一个实际镜头中大量采用的光学玻璃是高折射率的,从而产生困难. 现在我们找到的新结构,减反性能良好,上述困难得到满意地解决.

6.5　积分型总极值方法的计算机实现

检验一个总极值算法好坏的一个重要方法就是看它能否成功

地通过数值试验. 在文献中可找到许多试验问题. 在这一节中,我们介绍用 MATLAB 编成的程序解无约束或盒箱约束的总极小问题.

我们还介绍用 FORTRAN 编成的程序:软件 INTGLOB.

6.5.1 MATLAB 编程

在这一小节里,我们介绍用 MATLAB 编成的程序解无约束或盒箱约束的总极小问题. 为了清楚起见,我们用 MATLAB 中的一个函数 peaks 作为目标函数. 如果大家有 MATLAB,可以先看一看这个函数的 3D 图形:

$$\text{surfc(peaks)}$$

这个函数的解析表达式为

$$f = 3.0 * (1.0 - x(1))^2 * \exp(-x(1)^2 - (x(2) + 1.0)^2) -$$

$$10.0 * (x(1)/5.0 - x(1)^3 - x(2)^5) * \exp(-x(1)^2 - x(2)^2) -$$

$$(1.0/3.0) * \exp(-(x(1) + 1.0)^2 - x(2)^2)$$

它的图像如图 6-5 所示.

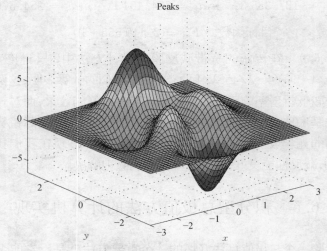

图 6-5 函数 peaks 的图形

下面给出一个非专业化的程序供大家参考. 读者可以把它键入, 储存为 m-文件(例如储存为 mc1. m). 要求它的极小值时, 在 MATLAB 命令窗口键入 mc1 即可. 该程序还给出函数值随迭代而下降的直观形象.

如果读者希望用 MATLAB 求其他函数的极小, 则必须对程序作相应的改动.

```
function [] = intglou(  )
clear all;
% - - - - - - - - - - - - - - - - - - - - - - - - - - - - -
% Part of Defining Constant
% - - - - - - - - - - - - - - - - - - - - - - - - - - - - -
[n, aa, bb, eps, maxIteration] = user_input;
[ida vda] = data_input(n);
km0 = ida(3);
km1 = ida(4);
SampleSize = ida(1);
MaxNumber = 1e10;
MaxIteration = 100;
Epson = 1e - 10;
Dimension = 2;
'Start ***********************************'
% - - - - - - - - - - - - - - - - - - - - - - - - - - - - -
% End of Defining Constant
% - - - - - - - - - - - - - - - - - - - - - - - - - - - - -
% - - - - - - - - - - - - - - - - - - - - - - - - - - - - -
% Initial Part
% - - - - - - - - - - - - - - - - - - - - - - - - - - - - -
for i = 1:Dimension
leftbound(i) = aa(i);
rightbound(i) = bb(i);
```

```
    end
    for i = 1:SampleSize
    for j = 1:Dimension
    tpoint(j) = MaxNumber;
    point_set(i, j) = tpoint(j);
    end
    tvalue = MaxNumber;
    value_set(i) = tvalue;
    end
    for i = 1:(km0+km1)
    tpoint = RandomSample(leftbound,rightbound,Dimension);
    tvalue = test_f(tpoint);
    [point_set,value_set] = UpdateSampleSet(tpoint,tvalue,point_set,
value_set,SampleSize,Dimension);
    end
    mean = MeanValue(value_set,SampleSize);
    variance = VarianceValue(value_set,SampleSize);
    % - - - - - - - - - - - - - - - - - - - - - - - - - - - - - -
    % End of Initial Part
    % - - - - - - - - - - - - - - - - - - - - - - - - - - - - - -
    iteration = 0;
    while (variance>Epson) & (iteration<MaxIteration)
    iteration = iteration+1;
    for i = 1:SampleSize
    tvalue = MaxNumber;
    while (tvalue>mean)
    tpoint = RandomSample(leftbound,rightbound,Dimension);
    tvalue = test_f(tpoint);
    end
    [point_set,value_set] = UpdateSampleSet(tpoint,tvalue,point_set,
value_set,SampleSize,Dimension);
```

```
    end
    mean = MeanValue(value_set,SampleSize);
    variance = VarianceValue(value_set,SampleSize);
    minset(iteration) = value_set(SampleSize);
    [leftbound,rightbound] = UpdateSearchDomain(leftbound,rightbound,
point_set,Dimension,SampleSize);
    end
    figure('name','MinValue of Each iteration');
    plot(minset);
    'Get Minvalue'
    value_set(SampleSize)
    'At point'
    for j = 1:Dimension
    point_set(SampleSize,j)
    end
    'At the iteration of' iteration
    % - - - - - - - - - - - - - - - - - - - - - - - - - - - - - -
    % End of Main Program
    % - - - - - - - - - - - - - - - - - - - - - - - - - - - - - -
    % - - - - - - - - - - - - - - - - - - - - - - - - - - - - - -
    % Defination of Function RandomSample
    % - - - - - - - - - - - - - - - - - - - - - - - - - - - - - -
    function [point] = RandomSample(leftbound,rightbound,Dimension)
    for i = 1:Dimension
    tpoint(i) = leftbound(i) + (rightbound(i) - leftbound(i)) * rand(1);
    end
    point = tpoint;
    % - - - - - - - - - - - - - - - - - - - - - - - - - - - - - -
    % End of RandomSample
    % - - - - - - - - - - - - - - - - - - - - - - - - - - - - - -
    % - - - - - - - - - - - - - - - - - - - - - - - - - - - - - -
```

```
% Defination of function MeanValue
% - - - - - - - - - - - - - - - - - - - - - - - - - - - - - -
function [mean] = MeanValue(F_set,SampleSize)
tp = 0;
for i = 1:SampleSize
   tp = tp + F_set(i);
end
mean = tp/SampleSize;
% - - - - - - - - - - - - - - - - - - - - - - - - - - - - - -
% End of MeanValue
% - - - - - - - - - - - - - - - - - - - - - - - - - - - - - -
% - - - - - - - - - - - - - - - - - - - - - - - - - - - - - -
% Defination of function VarianceValue
% - - - - - - - - - - - - - - - - - - - - - - - - - - - - - -
function [variance] = VarianceValue (F_set,SampleSize)
tp = 0;
tmean = MeanValue(F_set,SampleSize);
for i = 1:SampleSize
   tp = tp + (F_set(i) - tmean) * (F_set(i) - tmean);
end
variance = tp/(SampleSize - 1);
% - - - - - - - - - - - - - - - - - - - - - - - - - - - - - -
% End of VarianceValue
% - - - - - - - - - - - - - - - - - - - - - - - - - - - - - -
% - - - - - - - - - - - - - - - - - - - - - - - - - - - - - -
% Defination of function UpdateSampleSet
% - - - - - - - - - - - - - - - - - - - - - - - - - - - - - -
function [ set _ p,  set _ v ] = UpdateSampleSet ( p, v, pset, vset,
SampleSize,Dimension)
tpset = pset;
tvset = vset;
```

```
nn = 1;
while (nn< = SampleSize) & (v<tvset(nn))
nn = nn + 1;
end
nn = nn - 1;
for i = 1:(nn - 1)
tvset(i) = tvset(i + 1);
for j = 1:Dimension
tpset(i, j) = tpset(i + 1,j);
end
end
if (nn>0)
tvset(nn) = v;
for j = 1:Dimension
tpset(nn, j) = p(j);
end
end
set_p = tpset;
set_v = tvset;
% - - - - - - - - - - - - - - - - - - - - - - - - - -
% End of UpdateSampleSet
% - - - - - - - - - - - - - - - - - - - - - - - - - -
% - - - - - - - - - - - - - - - - - - - - - - - - - - - - - -
% Defination of function UpdateSearchDomain
% - - - - - - - - - - - - - - - - - - - - - - - - - - - - - -
function [lf, rt] = UpdateSearchDomain(leftbound, rightbound, pset,
Dimension,SampleSize) for j = 1:Dimension
min(j) = rightbound(j);
max(j) = leftbound(j);
end
for i = 1:SampleSize
```

```
for j = 1:Dimension
if pset(i, j)<min(j)
min(j) = pset(i, j);
end
if pset(i, j)>max(j)
max(j) = pset(i, j);
end
end
end
for j = 1:Dimension
pg(j) = (2.0 * pset(SampleSize, j) - (leftbound(j) + rightbound(j)))/
(rightbound(j) - leftbound(j));
tlf(j) = min(j) - (max(j) - min(j))/(SampleSize - 1);
trt(j) = max(j) + (max(j) - min(j))/(SampleSize - 1);
if pg(j)>0
dtlf(j) = tlf(j) + pg(j) * (trt(j) - tlf(j)) * 0.1;
dtrt(j) = trt(j) + pg(j) * (trt(j) - tlf(j)) * 0.05;
else
dtlf(j) = tlf(j) + pg(j) * (trt(j) - tlf(j)) * 0.05;
dtrt(j) = trt(j) + pg(j) * (trt(j) - tlf(j)) * 0.1;
end
if tlf(j)<dtlf(j)
tlf(j) = dtlf(j)
end
if trt(j)>dtrt(j)
trt(j) = dtrt(j)
end
end
lf = tlf;
rt = trt;
% - - - - - - - - - - - - - - - - - - - - - - - - - - - - - - - - -
```

```
% End of UpdateSearchDomain
% - - - - - - - - - - - - - - - - - - - - - - - - - - - - -
% - - - - - - - - - - - - - - - - - - - - - - - - - - - - -
% data_input: input data for the intglou
% - - - - - - - - - - - - - - - - - - - - - - - - - - - - -
function [ida vda] = data_input(n)
if (n<8)
ida(1) = 10;
elseif (8<=n & n<15)
ida(1) = 12;
elseif (15<=n & n<23)
ida(1) = 14;
elseif (23<=n & n<30)
ida(1) = 15;
elseif (30<=n & n<36)
ida(1) = 16;
elseif (36<=n & n<44)
ida(1) = 17;
elseif (44<=n & n<50)
ida(1) = 18;
elseif (50<=n & n<65)
ida(1) = 19;
elseif (65<=n & n<73)
ida(1) = 20;
elseif (73<=n & n<80)
ida(1) = 21;
elseif (80<=n & n<100)
ida(1) = 22;
elseif (n > = 100)
fprintf('THE NUMBER OF VARIABLE IS TOO LARGE, PLEASE CONTACT THE
PERSON WHO MADE THIS CODE')
```

```
end
ida(2) = 2;  % l = ida(2)
ida(3) = 50;  % km0
ida(4) = 150;  % km1
vda(1) = 0.1;  % del0
vda(2) = 0.05;  % del1
% - - - - - - - - - - - - - - - - - - - - - - - - - - - - - -
% Definition of 'user_input'
% - - - - - - - - - - - - - - - - - - - - - - - - - - - - - -
function [n, aa, bb, eps, maxIteration] = user_input();
n = 2;  % input initial search domain aa and bb:
aa(1) = - 4.0;
aa(2) = - 4.0;
bb(1) = 4.0;
bb(2) = 4.0;
% input accuracy:
eps = 10^(-6);
% input maximum numbers of iteration:
maxIteration = 100;
% - - - - - - - - - - - - - - - - - - - - - - - - - - - - - -
% End of 'user_input'
% - - - - - - - - - - - - - - - - - - - - - - - - - - - - - -
% - - - - - - - - - - - - - - - - - - - - - - - - - - - - - -
% Defination of Test Function - - peak
% - - - - - - - - - - - - - - - - - - - - - - - - - - - - - -
function [f] = test_f(x)
f = 3.0 * (1.0 - x(1))^2 * exp( - x(1)^2 - (x(2) + 1.0)^2)···
  - 10.0 * (x(1)/5.0 - x(1)^3 - x(2)^5) * exp( - x(1)^2 - x(2)^2)···
  - (1.0/3.0) * exp( - (x(1) + 1.0)^2 - x(2)^2);
% - - - - - - - - - - - - - - - - - - - - - - - - - - - - - -
% End of Test Function
% - - - - - - - - - - - - - - - - - - - - - - - - - - - - - -
```

6.5.2　软件 INTGLOB 数值例题

我们提供软件包 INTGLOB 供大家下载使用. 下载的网站为

www. math. shu. edu. cn.

读者下载后,先读一下 readme. doc.

软件 INTGLOB 包括三个 FORTRAN 目标程序:无约束或合箱约束的总极小问题的 INTGLOBU. OBJ,有约束总极小问题的 INTGLOBC. OBJ 和离散及混合问题的 INTGLOBD. OBJ. 此外还包括三个头文件的目标程序: HEADU. OBJ, HEADC. OBJ, HEADCC. OBJ AND HEADD. OBJ. 使用者提供一个目标函数和搜索区域的 FORTRAN 子程序(例如,FN. for). 对于离散及混合问题,使用者还要提供一个产生随机样本的子程序. 准备好所要的 FORTRAN 程序后,即可以编译. 例如,对于无约束或合箱约束的总极小问题,我们可以用下述命令编出可执行文件 FN. EXE:

FL32FN. FOR HEADU INTGLOU

我们选了一些数值例题,并把它分为下列三类:

(A) 无约束或盒箱约束的总极小.

(C) 有约束总极小.

(D) 离散最优化,包括整数规划和混合规划.

例 6.4　目标函数:

$$f(\boldsymbol{x}) = \frac{\pi}{n}\{\sin^2(\pi x_1) + \sum_{i=1}^{n-1}(x_i - 1.0)^2[1 + 10.0\sin^2(\pi x_{i+1})] +$$
$$(x_n - 1.0)^2\}$$

搜索区域:

$$D = \{(x_1, x_2, \cdots, x_n)^{\mathrm{T}} \mid (x_1, x_2, \cdots, x_n)^{\mathrm{T}} \in \mathbf{R}^n,$$
$$-10.0 \leqslant x_i \leqslant 10.0, i = 1, \cdots, n\}$$

解

$$\boldsymbol{x}^* = (1, 1, \cdots, 1)^{\mathrm{T}}, f^* = 0$$

例 6.5 目标函数：

$$f(\boldsymbol{x}) = x_1 x_2 x_3 + x_1 x_4 x_5 + x_2 x_4 x_6 + x_6 x_7 x_8 + x_2 x_5 x_7$$

约束：

$$2x_1 + 2x_4 + 8x_8 \geqslant 12$$
$$11x_1 + 7x_4 + 13x_6 \geqslant 41$$
$$6x_2 + 9x_4 x_6 + 5x_7 \geqslant 60$$
$$3x_2 + 5x_5 + 7x_8 \geqslant 42$$
$$6x_2 x_7 + 9x_3 + 5x_5 \geqslant 53$$
$$4x_3 x_7 + x_5 \geqslant 13$$
$$2x_1 + 4x_2 + 7x_4 + 3x_5 + x_7 \leqslant 69$$
$$9x_1 x_8 + 6x_3 x_5 + 4x_3 x_7 \leqslant 47$$
$$12x_2 + 8x_2 x_8 + 2x_3 x_6 \leqslant 73$$
$$x_3 + 4x_5 + 2x_6 + 9x_8 \leqslant 31$$
$$x_i \leqslant 7 \quad (i = 1, 3, 4, 6, 8)$$
$$x_i \leqslant 15 \quad (i = 2, 5, 7)$$
$$x_i \text{ 整数} \quad (i = 1, 2, \cdots, 8)$$

解

$$\boldsymbol{x}^* = (5, 4, 1, 1, 6, 3, 2, 0)^{\mathrm{T}}, f^* = 110$$

习　题

1. 令 $f = |\boldsymbol{x}|^{\alpha}$，$\alpha > 0$，求 f 在水平集 H_c，$c > 0$ 上的方差：

$$v(f, c) = \frac{1}{\mu(H_c)} \int_{H_c} (f(\boldsymbol{x}) - c)^2 \mathrm{d}\mu$$

验证在总极值 $c = 0$ 处有

$$\lim_{c_k \to 0} v(f, c_k) = 0$$

2. 证明两个丰满集的并是丰满的. 但是, 两个丰满集的交不一定是丰满的, 但是丰满集和开集的交是丰满的.

3. 两个丰满函数的和一定是丰满的, 证明丰满函数和连续函数的和是丰满的.

4. 用 INTGLOB 求下面函数的总极值点 (分别对 $n = 2, 5, 10, 20, 50$):

目标函数:

$$f(\boldsymbol{x}) = \frac{\pi}{n} \left\{ \sin^2(\pi x_1) + \sum_{i=1}^{n-1} (x_i - 1.0)^2 [1 + 10.0 \sin^2(\pi x_{i+1})] + (x_n - 1.0)^2 \right\}$$

搜索区域:

$$D = \{(x_1, x_2, \cdots, x_n)^{\mathrm{T}} \mid (x_1, x_2, \cdots, x_n)^{\mathrm{T}} \in \mathbf{R}^n, \\ -10.0 \leqslant x_i \leqslant 10.0, \ i = 1, 2, \cdots, n\}$$

5. 用 INTGLOB 求下面函数的总极值点:

目标函数:

$$f(\boldsymbol{x}) = x_1 x_2 x_3 + x_1 x_4 x_5 + x_2 x_4 x_6 + x_6 x_7 x_8 + x_2 x_5 x_7$$

约束:

$$2x_1 + 2x_4 + 8x_8 \geqslant 12$$
$$11x_1 + 7x_4 + 13x_6 \geqslant 41$$
$$6x_2 + 9x_4 x_6 + 5x_7 \geqslant 60$$
$$3x_2 + 5x_5 + 7x_8 \geqslant 42$$
$$6x_2 x_7 + 9x_3 + 5x_5 \geqslant 53$$
$$4x_3 x_7 + x_5 \geqslant 13$$
$$2x_1 + 4x_2 + 7x_4 + 3x_5 + x_7 \leqslant 69$$

$$9x_1x_8 + 6x_3x_5 + 4x_3x_7 \leqslant 47$$
$$12x_2 + 8x_2x_8 + 2x_3x_6 \leqslant 73$$
$$x_3 + 4x_5 + 2x_6 + 9x_8 \leqslant 31$$
$$x_i \leqslant 7 \quad (i = 1, 3, 4, 6, 8)$$
$$x_i \leqslant 15 \quad (i = 2, 5, 7)$$
$$x_i \text{ 整数} \quad (i = 1, 2, \cdots, 8)$$

第七章 存 储 论

摘要： 存储论就是研究有关存储问题的理论和方法的一门学科,它用定量的方法描述存储物品供求动态过程和存储状态,说明存储状态和费用之间的关系,并确定其合理的供应策略,从而为人们提供定量的决策依据和有价值的定性指导.

7.1 引 言

7.1.1 问题的引入

存储论起源于银行业,为了把握每天应保持多少库存现金,才能既不使前来提取现款的人发生因储备量过少而出现不能兑现的情况,也不使银行发生因储备量过多而形成资金积压造成损失的情况. 在人们的生产活动中也普遍存在着类似的问题. 例如,工业企业中各个生产环节都有一定数量的原材料、半成品或外购件等在仓库处于存储状态,以保证生产的均衡性和连续性;各类商店一般都设有仓库以存放待销售的商品,以便及时销售,满足消费者的需要. 因此,确定物资的最优存储量和进货周期,具有重要的经济意义.

7.1.2 典型的存储系统

我们考虑如下的存储系统(见图 7-1):

图 7-1

它包括存储状态、补充和需求. 存储状态是指某物品随时间推移而发生的盘店数量上的变化,其数量随补充过程而增加,随需求过程而减少. 补充是系统的输入,需求是系统的输出,在建立一个实际问题的存储模型时,我们需要解决的问题是:对于补充而言,多少时间补充一次? 每次补充的数量为多少? 而对于需求而言,它可有不同的形式,如有的是间断式的,有的是连续均匀的;有的是已知的、确定的,有的是随机的、不确定的. 因此在存储论中应根据不同的情况来讨论和建立各种不同的模型. 补充和需求都是确定的模型称为确定性模型;补充或需求是随机的模型称为随机性模型. 本章将研究确定性模型的存储系统. 当然对于所讨论的模型仅仅反映了存储问题中最基本和最简单的情形,如需把它们运用到实际问题中,还须作出相应的补充和修正,这常常是存储模型中非常重要的一项工作.

7.2 存储的基本概念

在解决存储问题的建模和求解过程中,我们要把握三个主要环节:存储状态图、费用函数和经济批量算式. 这是解决存储问题的基本要素.

7.2.1 存储状态图

存储状态图描述存储状态. 它表示某物品随时间推移而发生的盘店数量上的变化. 其数值随需求过程而减少,又随补充过程而增加. 由于在各种情况下,需求过程和补充过程的形式不同,其存储状态图也是不同的. 不过,如果我们能分析和搞清补充过程和需求过程这两个关键因素,就不难得到符合实际要求的存储状态图. 具体问题的讨论在下一节介绍.

7.2.2 费用函数

　　研究存储问题,需要我们作出订货多少和何时订货的决策. 很明显,订购数量多,能减少订购次数,节省手续费等费用,但增加了库存费;订购数量少,虽能减少库存费,却又增加了订购手续费等费用. 因此问题的关键在于寻求最优的存储策略,使存储的费用最小化. 为了给出存储模型,下面引入费用函数这一基本概念.

　　费用函数就是将存储状态图中各个参数和费用之间的关系定量地表示出来. 在存储分析中,一般考虑如下几项费用:

　　(1) 存储费. 指存货被出售或使用前与存储有关的费用. 这部分费用中,除了包括物资因存储在仓库内需要支付的租金、利息、保养费和仓库管理人员的工资等外,还应包括存储期内物资的流失和变质,以及因资金积压而造成的损失等. 用 I 表示单位货物的存储费用.

　　(2) 订购费. 指进一次货所需要的固定费用,它包括手续费、电信往来费、外出采购费以及更换模具、设备的调整和检验等费用. 用 S 表示订购费用,它与订货次数有关而与订货量无关.

　　(3) 短缺费. 指存储不能满足需求所引起的损失. 它包括失去销售机会的收益损失、停工待料的损失,以及不能履行合同而缴纳罚款等. 用 A 表示单位货物的短缺费.

　　(4) 生产费. 补充存储时,如不需要向外厂订货,由本厂自行生产,这时仍需要支付两项费用:一项是生产准备费用(固定费用),另一项是与生产产品数量有关的费用(可变费用).

　　上述费用是费用函数中的主要内容,费用项目一旦确定后,就可利用存储状态图及有关的统计资料给出相应的费用函数.

7.2.3 经济批量算式

　　在存储状态图与费用函数给定以后,通过最优化方法求出订货

批量 Q，一般称为经济批量. 而经济批量算式是最优批量 Q 的数学表达式，它是在费用函数的基础上进行优化而得出的.

7.3 确定性存储模型

7.3.1 模型一：进货能力无限，不允许缺货

在这一模型中，假设存储的进货能力是无限的，也就是全部订货量一次供应，且假设不允许缺货，也就是每种物品的短缺费是无穷大，而要求该模型满足如下条件：

(1) 需求是连续均匀的，且需求速度 R 为常数.

(2) 补充时间为零，即当存储降至零时，可以立即得到补充.

(3) 补充过程是每隔时间 θ 补充一次，每次补充一个批量为 Q 即

$$x_i = \begin{cases} Q, & i = \theta,\ 2\theta,\ \cdots,\ n\theta \\ 0, & i \neq \theta,\ 2\theta,\ \cdots,\ n\theta \end{cases} \qquad (n\theta \leqslant \theta_0)$$

其中 θ_0 为计划期.

由此可知，由于补充量相等且需求速度不变，所以每两次补充的间隔时间也相等. 它的存储状态图可由图 7-2 给出.

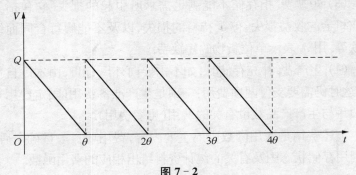

图 7-2

下面根据存储状态图来建立相应的费用函数. 在构造费用函数时，只需把一个周期 θ 的费用搞清楚，这样全部未来的费用也就清

楚了. 因为各个周期是完全相同的, 只要其中之一的费用优化了, 也就可以把全部费用优化. 记

$$V(t) \triangleq t \text{ 时刻的存储量} \quad (0 \leqslant t \leqslant \theta)$$

所以我们可得 $V(0) = Q$, $V(\theta) = 0$, $V(t) = Q - Rt$, $0 \leqslant t \leqslant \theta$. 对任一周期 θ 内的费用函数 $\overline{C}$ 应等于订购费 S 加上存储费, 即

$$\overline{C} = S + \int_0^\theta I \cdot V(t) \mathrm{d}t = S + \int_0^\theta I(Q - Rt) \mathrm{d}t$$

积分并整理后得

$$\overline{C} = S + IQ\theta - \frac{IR\theta^2}{2} \tag{7.1}$$

其中 $\theta = \dfrac{Q}{R}$, 把它代入式(7.1)得

$$\overline{C} = S + \frac{Q^2}{2R}I \tag{7.2}$$

由于仅在一个周期内考虑其费用, 是不能反映出补充量 Q 与订购费 S 之间关系的. 这是因为在单位时间内, Q 越大, 订购次数就越少, 相应的 S 也就越小; 相反, Q 越小, 订购次数就越多, 相应的 S 也就越大. 为此, 我们应在某一单位时间内来讨论费用 C, 那么只要在式(7.2)两边同乘以单位时间的周期数 $\dfrac{1}{\theta} = \dfrac{R}{Q}$, 得

$$C = \overline{C} \cdot \frac{1}{\theta} = \frac{R}{Q}S + \frac{Q}{2}I \tag{7.3}$$

求上述函数的极小点, 令

$$\frac{\mathrm{d}C}{\mathrm{d}Q} = -\frac{R}{Q^2}S + \frac{I}{2} = 0$$

得

$$Q^* = \sqrt{\frac{2RS}{I}} \qquad (7.4)$$

因为

$$\frac{\mathrm{d}^2 C}{\mathrm{d}Q^2} = \frac{2RS}{Q^3} > 0, \; Q \in (0, R)$$

所以 Q^* 为最优解,式(7.4)称为经济批量算式.

由于 $\theta = \dfrac{Q}{R}$,因而两次补充的最优周期为

$$\theta^* = \sqrt{\frac{2S}{RI}} \qquad (7.5)$$

把式(7.4)代入式(7.3),得单位时间的最小费用

$$C^* = \sqrt{2RSI} \qquad (7.6)$$

从式(7.3)可知,费用函数是由订购费 $\dfrac{R}{Q}S$ 与存储费 $\dfrac{Q}{2}I$ 之和构成. 由于 Q 为正数,因而订购费是随 Q 的增加而减少的,存储费是随 Q 的增加而增加的. 因此,两者之和具有唯一的极小点 Q^*.(见图7-3)

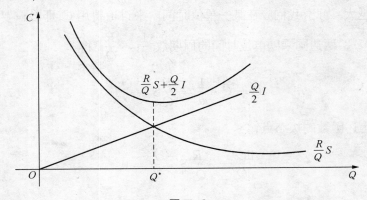

图7-3

例 7.1   设某企业每月需要某种物资 50 箱. 每次订购费为 60 元, 每月每箱的存储费为 40 元. 若不允许缺货, 且一订购就可以提货. 试问, 每批订购间隔时间多长, 每次订购多少箱才能使总的存储费用达到最小?

解   本题属于进货能力无限, 不允许缺货模型. 由题意可知, $S = 60$ 元, $R = 50$ 箱/月, $I = 40$ 元/箱·月. 由公式 (7.4) 得, 最优经济批量为

$$Q^* = \sqrt{\frac{2RS}{I}} = \sqrt{\frac{2 \times 60 \times 50}{40}} = \sqrt{150} \approx 12 (\text{箱})$$

$$\theta^* = \frac{Q^*}{R} \approx \frac{12}{50} = \frac{1}{4} (\text{月})$$

再由公式 (7.6) 知最优存储费为

$$C^* = \sqrt{2RSI} = \sqrt{2 \times 50 \times 60 \times 40} = \sqrt{240\,000} \approx 489.90 (\text{元})$$

即每月约订购四次, 每次订购 12 箱, 最小存储费为 489.90 元.

7.3.2   模型二: 进货能力有限, 不允许缺货

在这一模型中, 假设存储的进货能力是有限的, 也就是每期的订货量是分若干次进入存储, 直至达到订货量为止. 而且假设不允许缺货, 也就是每种物品的短缺费是无穷大. 由于补充是逐渐进行的, 而不是一下子完成的, 若其补充速度设为 P, 则 P 一定大于需求速度 R. 除此以外, 其他条件同模型一完全一样.

假定初始存储状态 $V(t) = 0$, 补充是以速度 P 增长, 同时, 需求以速度 R 减小. 由于 $P > R$, 因此, 存储状态 $V(t)$ 以 $(P-R)$ 的速度在增长. 在时间 θ_p 达到最大, 其值为

$$\max V(t) = \theta_p (P - R) = Q\left(1 - \frac{R}{P}\right)$$

其中 $\theta_p = \dfrac{Q}{P}$，Q 为生产总批量. 而当存储状态达到极大水平后, 就开始以速度 R 减少, 直至下降为零. 其存储状态图由图 7-4 给出. 与模型一所采用的方法一样, 我们来构造费用函数.

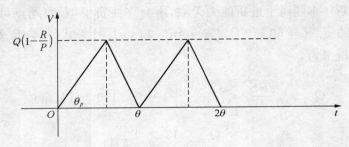

图 7-4

首先从存储状态图中可知, 两次补充的间隔周期

$$\theta = \theta_p + Q\frac{\left(1-\dfrac{R}{P}\right)}{R} = \frac{Q}{P} + Q\frac{\left(1-\dfrac{R}{P}\right)}{R} = \frac{Q}{R}$$

对任一周期 θ 内的费用函数 $\overline{C}$ 应等于订购费 S 加上存储费. 即

$$\overline{C} = S + \int_0^\theta IV(t)\,\mathrm{d}t$$

$$= S + \int_0^{\theta_p} I(P-R)t\,\mathrm{d}t + \int_{\theta_p}^\theta I\left[Q\left(1-\frac{R}{P}\right) - R(t-\theta_p)\right]\mathrm{d}t$$

将 $\theta_p = \dfrac{Q}{P}$，$\theta = \dfrac{Q}{R}$ 代入上式, 经计算整理后得

$$\overline{C} = S + \frac{Q^2}{2R}\left(1-\frac{R}{P}\right)I \tag{7.7}$$

这样我们就可得单位时间的费用函数

$$C = \overline{C}\frac{1}{\theta} = \overline{C}\frac{R}{Q} = \frac{R}{Q}S + \frac{Q}{2}\left(1-\frac{R}{P}\right)I \tag{7.8}$$

求上述函数的极小点. 令

$$\frac{dC}{dQ} = -\frac{R}{Q^2}S + \frac{1}{2}\left(1 - \frac{R}{P}\right)I = 0$$

得

$$Q^* = \sqrt{\frac{2PRS}{(P-R)I}}$$

因为

$$C''(Q) = \frac{2R}{Q^3}S > 0, \ Q \in (0, \ R)$$

从而可知,Q^* 为费用函数 C 达到最优的解,此时最小费用为

$$C^* = \sqrt{\frac{2R(P-R)SI}{P}}$$

最优周期和最优生产时间分别为

$$\theta^* = \sqrt{\frac{2PS}{R(P-R)I}}, \quad \theta_p^* = \sqrt{\frac{2RS}{P(P-R)I}} \qquad (7.9)$$

例 7.2 设某厂甲车间所生产的产品其每年半成品需要量为 8 000 吨,而乙车间每年生产半成品能力为 200 000 吨,乙车间每次调拨半成品的手续费为 36 元,每吨每年的存储费为 0.4 元. 要使费用最低,甲车间最佳的存储策略该如何?

解 本题属进货能力有限,不允许缺货模型,所以要求最优存储策略,也就是要确定最优调拨半成品的数量. 因此可直接应用公式(7.9).已知 $S = 36$ 元,$I = 0.4$ 元/吨·年,$P = 200\,000$ 吨/年,$R = 8\,000$ 吨/年,于是最优调拨间隔时间为

$$\theta^* = \sqrt{\frac{2PS}{R(P-R)I}} = \sqrt{\frac{2 \times 200\,000 \times 36}{8\,000 \times (200\,000 - 8\,000) \times 0.4}}$$

$$= 0.153\,1(年) = 56\ 天$$

最优批量为

$$Q^* = R \cdot \theta^* = 8\,000 \times 0.153\,1 = 1\,225(\text{吨})$$

即甲车间最佳存储策略：最优调拨间隔时间为 56 天,最优批量为 1 225吨.

7.3.3　模型三:进货能力无限,允许缺货

如果允许缺货且缺货时未能满足的需求在下批订货到达时立即得到补充而无需经过库存,这样使得订货周期延长,从而节省了存储费. 如缺货损失与存储费比较,可能相当小,则允许缺货出现是可行的.

现在假定初始存储状态 $V(0) = G$,其余的假设与模型一相同,经过时间 $\theta_1 = \dfrac{G}{R}$,下降为零. 但此时并不立即补充,要降到零水平以下. 这里负的存储表示已经"卖掉"但还未"发出"的货物. 等达到时间周期 θ 时,补充一个批量 Q. 它的存储状态图由图 7-5 给出.

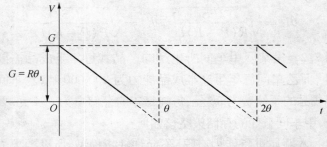

图 7-5

根据存储状态图(图 7-5),可以写出任一周期 θ 内的费用函数 $\overline{C}$ 为订购费 S 与存储费及短缺费之和,即

$$\overline{C} = S + \int_0^{\theta_1} IV(t)\,\mathrm{d}t + \int_{\theta_1}^{\theta} AV(t)\,\mathrm{d}t$$

$$= S + \int_0^{\frac{G}{R}} I(G - Rt)\,\mathrm{d}t + A\int_{\frac{G}{R}}^{\theta} R\left(t - \frac{G}{R}\right)\mathrm{d}t$$

积分并把 $\theta = \dfrac{Q}{R}$ 代入,经整理后得

$$\overline{C} = S + \frac{G^2}{2R}I + \frac{(Q-G)^2}{2R}A$$

同样,我们可得单位时间的费用函数

$$C = \overline{C}\frac{1}{\theta} = \frac{R}{Q}S + \frac{G^2}{2Q}I + \frac{(Q-G)^2}{2Q}A$$

下面确定批量和缺货量,而缺货量完全可由初始存储量 G 来描述. 现在需要解决的问题是:如何求出决策变量 Q 和 G 的取值,使总费用 C 为最小. 现在对 C 分别关于 Q 和 G 求偏导:

$$\frac{\partial C}{\partial Q} = -\frac{R}{Q^2}S - \frac{G^2}{2Q^2}I + \frac{A}{2}\left[\frac{2(Q-G)Q-(Q-G)^2}{Q^2}\right]$$

$$\frac{\partial C}{\partial G} = \frac{G}{Q}I - \frac{(Q-G)}{Q}A$$

令 $\dfrac{\partial C}{\partial Q} = 0$, $\dfrac{\partial C}{\partial G} = 0$,得

$$Q^* = \sqrt{\frac{2RS(A+I)}{AI}}, \quad G^* = \sqrt{\frac{2RSA}{I(A+I)}} \qquad (7.10)$$

由 $\theta = \dfrac{Q}{R}$,得

$$\theta^* = \frac{Q^*}{R} = \sqrt{\frac{2S(A+I)}{RIA}} \qquad (7.11)$$

最优缺货量为

$$Q^* - G^* = \sqrt{\frac{2RSI}{A(A+I)}} \qquad (7.12)$$

可以验证 (Q^*, G^*) 就是总存储费达到最小的点,此时最小存储

费为

$$C^* = \sqrt{2RSI\left(\frac{A}{A+I}\right)} \qquad (7.13)$$

在式(7.10),(7.11) 和(7.13) 中,当 $A \to \infty$ 时,就变为不允许缺货的情况,得出与模型一完全相同的结论.

例 7.3 某电脑制造公司自行生产扬声器用于自己的电脑产品,若以每月 6 000 只的生产率在流水线上装配,扬声器则成批生产,每次成批生产时需手续费 1 200 元,存储费每月 0.10 元,每只扬声器的成本为 20 元. 若允许缺货,其代价估计为每只扬声器 1 元,问每批应生产扬声器多少只,多长时间生产一次,才能使总费用最小?并求其值.

解 本题属于进货能力无限,允许缺货模型,已知 $R = 6\,000$ 只/月,$S = 1\,200$ 元,$I = 0.10$ 元/只·月,$A = 1$ 元/只·月. 利用式(7.10),(7.11) 及(7.13) 得

$$Q^* = \sqrt{\frac{2RS(A+I)}{AI}} = \sqrt{\frac{2 \times 6\,000 \times 1\,200(1+0.10)}{1 \times 0.10}} = 12\,586(只)$$

$$G^* = \sqrt{\frac{2RSA}{I(A+I)}} = \sqrt{\frac{2 \times 6\,000 \times 1\,200 \times 1}{0.10 \times (1+0.10)}} = 11\,442(只)$$

$$\theta^* = \frac{Q^*}{R} = \frac{12\,586}{6\,000} = 2.1(月)$$

$$C^* = \sqrt{\frac{2RSIA}{A+I}} + 6\,000 \times 20$$

$$= \sqrt{\frac{2 \times 6\,000 \times 1\,200 \times 0.10 \times 1}{1+0.10}} + 120\,000$$

$$= 121\,144.16(元)$$

即每批生产 12 586 只扬声器,间隔 2.1 月生产一次,其最小总费用为 121 144.16 元.

7.4 多阶段存储模型

上一节讨论的确定性存储模型,都假定需求量是始终确定不变的,然而在生产实际中,往往需求显示出季节性的阶段式变化.因此存储量也就相应地显出周期性的阶段式变化.又由于未来的需求量通常对目前有限时间范围的决策影响甚小,可忽略不计.因此,只要对有限个周期性的若干阶段加以考虑即可,这就是动态存储模型的基本特征.

对周期 i $(i=1, 2, \cdots, n)$,定义 ω 为仓库的最大容量,r_i 为需求量,a_i 为单位产品的购进费,b_i 为单位产品的保管费,x_i 为初始存储量,q_i 为订货量.问题是:各个周期应订货多少,才能满足需求且使 n 个周期总存储费为最小?

假设该模型满足如下条件:

(1) 各个周期的订货在该周期末才能存储,而各周期的需求应在该周期初给予满足,且不允许缺货.

(2) 已知第 1 个周期初始存储量为 x_1,第 n 个周期的期末存储量为 x_{n+1}.

由于考虑是不允许缺货问题且周期数 n 为定数,从而订购费在一段时间也为一个定数,所以可不考虑订购费与短缺费.这样,存储费就等于购进费与保管费之和.第 i 个周期的存储费为

$$c_i = a_i q_i + b_i x_i \quad (i=1, 2, \cdots, n)$$

于是我们可得关于 n 个周期总存储费满足约束条件的最优化问题:

$$(P) \quad \begin{aligned} &\min \sum_{i=1}^{n} (a_i q_i + b_i x_i) \\ &\text{s.t. } x_{i+1} = x_i + q_i - r_i \\ &\quad r_i \leqslant x_i \leqslant \omega \\ &\quad x_i \geqslant 0, q_i \geqslant 0 \quad (i=1, 2, \cdots, n) \end{aligned} \quad (7.14)$$

它是一个线性规划问题,由于问题(P)的特殊性,我们可用动态规划的思想来研究上述问题. 用 $f_k(x)$ 表示初始存储量为 x,还有 k 个周期,采取最优策略时的最小总存储费. 所求问题即为 $f_n(x_1)$.

设 x 为第 i 个周期的初始存储量,q 为进货量,根据最优化问题 (7.14)得

$$r_{i+1} \leqslant q + x - r_i \leqslant \omega$$

$$\max\{0,\ r_i + r_{i+1} - x\} \leqslant q \leqslant \omega + r_i - x \quad (i = 1,\ 2,\ \cdots,\ n-1)$$

令 $L_i = \omega + r_i - x$,$l_i = \max\{0,\ r_i + r_{i+1} - x\}$ 得

$$l_i \leqslant q \leqslant L_i \quad (i = 1,\ 2,\ \cdots,\ n-1) \tag{7.15}$$

当 $i = n$,有 $q + x - r_n = x_{n+1}$. 由动态规划的最优化原理可得如下递归关系$(\overline{P})$:

$$f_1(x) = \min(a_n q + b_n x) \tag{7.16}$$

$(\overline{P})$
$$q = x_{n+1} + r_n - x \tag{7.17}$$

$$f_k(x) = \min\{a_{n-k+1} q + b_{n-k+1} x + f_{k-1}(q + x - r_{n-k+1})\} \tag{7.18}$$

$$l_{n-k+1} \leqslant q \leqslant L_{n-k+1} \quad (k = 2,\ 3,\ \cdots,\ n) \tag{7.19}$$

例 7.4 某商场每年四个季节对某种商品的需求量、单位产品的采购费以及存储商品的保管费的具体数据估计如表 7.1 所示. 已知仓库的最大容量为 9 000 件,每年年底都要求存储商品 8 000 件,现在问,商场应如何安排各个季度的进货量,使总存储费为最小?

表 7.1

时期(季节)	一	二	三	四
需求量 r_i/ 千件	8	5	5	6
每百吨购买价 a_i/ 千元	4	2	3	3.5
每百吨保管费 b_i/ 千元	0.5	0.7	0.7	0.6

解 本题属于多阶段存储模型,按题意可知,这是一个阶段数为 4 的存储问题,且 $x_1=x_5=8$, $\omega=9$. 由递归关系$(\overline{\text{P}})$,得

$$f_1(x)=\min(a_4 q+b_4 x)$$

$$q=x_5+r_4-x \tag{7.20}$$

$$f_k(x)=\min\{a_{5-k}q+b_{5-k}x+f_{k-1}(q+x-r_{5-k})\}$$

$$l_{5-k}\leqslant q\leqslant L_{5-k} \quad (k=2,\ 3,\ 4) \tag{7.21}$$

其中

$$l_{5-k}=\max\{0,\ r_{5-k}+r_{6-k}-x\},$$

$$L_{5-k}=9+r_{5-k}-x \quad (k=2,\ 3,\ 4) \tag{7.22}$$

由表 7.1 知 $r_{5-k}+r_{6-k}>9$, $k=2,\ 3,\ 4$. 又因为 $x\leqslant\omega=9$,所以有

$$r_{5-k}+r_{6-k}-x>0 \quad (k=2,\ 3,\ 4) \tag{7.23}$$

所以

$$l_{5-k}=r_{5-k}+r_{6-k}-x>0 \quad (k=2,\ 3,\ 4) \tag{7.24}$$

由式(7.20)及(7.21)得

$$f_1(x)=\min_{q=14-x}(3.5q+0.6x)$$

$$=3.5(14-x)+0.6x$$

$$=49-2.9x \quad (q_4=14-x) \tag{7.25}$$

$$f_2(x)=\min_{11-x\leqslant q\leqslant 14-x}(3q+0.7x+f_1(q+x-5))$$

$$=\min_{11-x\leqslant q\leqslant 14-x}(3q+0.7x+49-2.9(q+x-5))$$

$$=\min_{11-x\leqslant q\leqslant 14-x}(58-2.3x+0.1q)$$

$$=58-2.3x+0.1(11-x)$$

$$=56.9-2.4x \quad (q_3=11-x) \tag{7.26}$$

$$
\begin{aligned}
f_3(x) &= \min_{10-x\leqslant q\leqslant 14-x}(2q+0.7x+f_2(q+x-5)) \\
&= \min_{10-x\leqslant q\leqslant 14-x}(2q+0.7x+56.9-2.4(q+x-5)) \\
&= \min_{10-x\leqslant q\leqslant 14-x}(-0.4q-1.7x+68.9) \\
&= -0.4(14-x)-1.7x+68.9 \\
&= 63.3-1.3x \quad (q_2=14-x)
\end{aligned}
\tag{7.27}
$$

$$
\begin{aligned}
f_4(x) &= \min_{13-x\leqslant q\leqslant 17-x}(4q+0.5x+f_3(q+x-8)) \\
&= \min_{13-x\leqslant q\leqslant 17-x}(4q+0.5x+63.3-1.3(q+x-8)) \\
&= \min_{13-x\leqslant q\leqslant 17-x}(2.7q-0.8x+73.3) \tag{7.28} \\
&= 2.7(13-x)-0.8x+73.3 \\
&= 108.4-3.5x \quad (q_1=13-x)
\end{aligned}
\tag{7.29}
$$

由式(7.29)及(7.14)得

$$f_4(x_1)=108.4-3.5x_1=80.4(千元)$$

$$q_1^*=13-x_1=5(千件)$$

$$x_2^*=q_1^*+x_1-r_1=5(千件)$$

由式(7.27)及(7.14)得

$$q_2^*=14-x_2^*=9(千件)$$

$$x_3^*=q_2^*+x_2^*-r_2=9(千件)$$

由式(7.26)及(7.14)得

$$q_3^*=11-x_3^*=2(千件)$$

$$x_4^* = q_3^* + x_3^* - r_3 = 6(千件)$$

由式(7.25)得

$$q_4^* = 14 - x_4^* = 8(千件)$$

因此,商场每年各季节的进货量和季初商品存储量如表 7.2 所示,且全年最优总存储费为 80 400 元.

表 7.2

时期(季节)	一	二	三	四
进货量/千件	5	9	2	8
季初存储量/千件	8	5	9	6

习　题

1. 设某工厂每年需用某种原料 1 800 吨,不允许缺货,每吨每月的保管费为 60 元. 每次订购费为 200 元. 试求最优订购批量.

2. 一家出租汽车公司平均每月使用汽油 8 000 升. 汽油价格为 1.05 元/升,每次订购费为 3 000 元,存储费是每月每升 0.03 元. 试求经济批量和每月的最小存储费.

3. 某厂每月需甲产品 100 件,每月生产率为 500 件,每批装配费为 5 元,每月每件产品存储费为 0.4 元,求最优经济批量及最小费用.

4. 某出租汽车公司,每月要用汽油 18 000 升,汽油价格为 0.7 元/升,每次订购手续费为 50 元,存货保藏费是每月每升 0.05 元,如果短缺代价是每月每升 0.1 元,试确定要多长时间订购一次以及订购多少,使总费用为最小.

5. 设某工厂明年四个季节对某种产品的需求量、单位产品的价格和保管费如表 7.3 所示.

表 7.3

时　　期	一季度	二季度	三季度	四季度
需求量/百件	7	9	5	6
单位产品价格/元	8	7	7	12
单位产品保管费/元	1.5	2	1	1

　　已知仓库的最大容量为 1 000 件,每年年底仓库需保留 800 件产品,问工厂明年各个季度应订购多少此种产品才能既保证需求又使总存储费为最小?

第八章　决　策　论

摘要：决策是人们现实生活中一种普遍存在的活动. 所谓决策,就是从许多个为达到同一目标而供选择的行动方案中,确定一个最优的方案. 可以说,在运筹学的讨论中,所建立的各种数学模型都是一种决策系统,而运筹学对各种数学模型所研究的最优解的方法都是决策方法.

8.1　引　　言

8.1.1　决策问题的提出

诺贝尔经济奖获得者西蒙(H. Simon)曾说:"决策包括三个步骤:找出决策所需要的条件;找出所有可能的行动方案;从那些可行的行动方案中选择一个最优方案."实际上,决策论主要研究西蒙所说的最后一步,即选择最优方案. 决策问题总是面向未来的,从而总是带有不确定性. 人们在寻找解决方案时,会发现将存在多个可行解决方案,究竟哪一个方案最优? 这就提出了一个决策问题.

下面给出的几个具体例子就是决策问题.

例 8.1 某房产公司准备向一家银行申请贷款,建造一批商品房. 经调研可知,只有甲、乙、丙三家银行可能提供贷款,且年贷款利率分别为 8%、8.5%、7.5%. 假设三家银行其他贷款条件一致,那么该房产公司应如何决策?

若除利率外其他贷款条件都相同的话,这是一个仅面临一种客观状态即年贷款利率的决策问题,它有三种可供选择的方案:A_1—向甲申请,A_2—向乙申请,A_3—向丙申请,如表8.1所示.

表 8.1 贷款问题决策表

状态\方案	S
A_1	8%
A_2	8.5%
A_3	7.5%

例 8.2 某计算机公司开发一新型的电子游戏机,这种游戏机在智力开发方面有较新的创意,但生产这种游戏机投入较大,若出现产品积压将导致亏损,按经验该公司市场部门把此批产品划分为市场受欢迎、一般和不受欢迎,而公司决策部门按市场部门的划分提出的三个可行方案为大批量、中批量和小批量生产该游戏机,公司财务部门根据各状态下每种方案实施的结果预算出利润表如表8.2所示(单位:百万元).如何决策,才能使公司获利最大?

表 8.2

状态\方案	受 欢 迎	一 般	不受欢迎
大批量	8	4	−6
中批量	5	3	−1
小批量	2	2	2

这是一个面临三种客观状态有三种可供选择的方案的决策问题.分别用S_1,S_2,S_3表示三种客观状态;用A_1,A_2,A_3表示三种方案.客观状态所表示的游戏机市场是客观存在的,决策时不知将会出现哪一种市场.这就是对此问题作出决策时所要冒的风险,此决策问题利润表由表8.3给出.

表 8.3 游戏机问题利润表

状态 方案	S_1	S_2	S_3
A_1	8	4	-6
A_2	5	3	-1
A_3	2	2	2

决策分析的基本思想是把一个决策问题分解,从而决策者可以分别对各关键问题进行研究,通过确定准则,建立模型,最后使模型优化,找到最合适的方案.

8.1.2 决策分类

西蒙把决策分为两大类:程序化决策和非程序化决策.程序化决策是指在日常工作中经常重复出现的例行决策活动.在处理这种决策时,决策者不必每次都作出新的决策,完全可以按照这套例行程序来决定.所以,程序化决策也称为定型化决策.与此相反,非程序化决策是指不重复出现的"新颖的无结构的"决策活动.处理这种决策就需要决策者具有创造性及大量判断的能力.

(1) 按决策问题的性质进行分类,可分为战略决策和战术决策.

(2) 按决策问题的领域进行分类,可分为政治决策、军事决策、经济决策、工业决策、农业决策、文教决策和科技决策等.

(3) 按决策问题所处的层次进行分类,可分为高层决策、中层决策和基层决策.

(4) 按决策问题所掌握的信息量大小进行分类,可分为确定型决策、风险型决策和不确定型决策.

本章介绍运用于最后一种分类方式的常用方法.这些决策方法只是帮助管理人员进行各种可能的分析选择,提供参考,而不是代替决策者和他们的判断.

8.2 确定型决策问题

8.2.1 确定型决策

确定型决策是指在已知某个自然状态必然发生的前提下所作的决策. 下面给出更为详细的定义.

满足下列四个条件的决策问题称为确定型决策问题:

(1) 存在一个明确的决策目标;

(2) 存在一个确定的自然状态;

(3) 存在可供决策者选择的两个或两个以上的行动方案;

(4) 不同方案在各种自然状态影响下的损益值可以计算出来.

其中损益值表示把各种在不同自然状态影响下所产生的效果的数量.

例 8.1 是一个典型的确定型决策.

8.2.2 确定型决策方法

由于确定型决策问题的多样性,方法也是多样的. 可以说一切在确定型意义下求最优的方法,都可视为确定型决策方法.

例 8.3 对例 8.1 进行决策.

解 此问题较简单,只要比较各方案的结果,立即可得最优决策:选择方案 A_3,即向丙银行申请贷款. 所运用的决策方法是比较.

仅仅从例 8.1 来看,似乎确定最优方案很简单. 但实际问题往往很复杂,可供选择的方案很多. 如有 m 个产地、n 个销地的运输问题,目标是运输费用最小,自然状态是满足所有销地的需要. 当 m, n 很大时,运输方案很多,如果再要列出它的决策矩阵是很不经济的,也就是说,由于求所有方案的损益值计算工作量很大,这就需要用其他优化方法来解决.

例 8.4 设 A_1, A_2 两煤矿供应 B_1, B_2, B_3 三个城市用煤,各煤矿产量及城市需煤量,各煤矿到各城市之间的运输距离由表 8.4

给出. 问如何安排调运方案才使总的运输量最小?

表 8. 4

城市 煤矿	B_1	B_2	B_3	发 量
A_1	90	70	100	200
A_2	80	65	80	250
收 量	100	150	200	450

这是可用运输问题的表上作业法解决的确定型决策问题.

设 x_{ij} 表示 A_i 煤矿供给 B_j 城市的产量,则此问题的线性规划模型为

$$\min f = 90x_{11} + 70x_{12} + 100x_{13} + 80x_{21} + 65x_{22} + 80x_{23}$$

$$\text{s. t. } x_{11} + x_{12} + x_{13} = 200$$

$$x_{21} + x_{22} + x_{23} = 250$$

$$x_{11} + x_{21} \qquad\qquad = 100$$

$$x_{12} + x_{22} \qquad = 150$$

$$x_{13} + x_{23} = 200$$

$$x_{ij} \geqslant 0 \quad (i = 1, 2, j = 1, 2, 3)$$

求得最优方案为 $x_{11} = 50$, $x_{12} = 150$, $x_{13} = 0$, $x_{21} = 50$, $x_{22} = 0$, $x_{23} = 200$,最优运输量为 35 000.

8.3 不确定型决策问题

8.3.1 不确定型决策

不确定型决策是指决策者对环境情况一无所知,而根据自己的主观倾向作出的决策. 下面给出更为详细的定义.

满足下列四个条件的决策问题称为不确定型决策问题:

(1) 存在一个明确的决策目标;

(2) 存在两个或两个以上随机的自然状态;

(3) 存在可供决策者选择的两个或两个以上的行动方案;

(4) 不同方案在各种自然状态影响下的损益值可以计算出来.

例 8.2 是一个典型的不确定型决策问题.

对于不确定型决策问题,根据决策者选优方法的不同,所选的最优方案也不同.下面将介绍一些处理不确定型决策问题的方法.

8.3.2 悲观准则

决策者当对客观情况持悲观态度,目的是为了保险起见,对任一行动方案,按最不利的状态来考虑,然后从中选取具有最大损益值的行动为最优的决策原则,称为悲观准则,也称为最大最小准则.

一般来说,若对每个 A_i 有

$$Y_{ij_0} = \min_j Y_{ij}$$

则

$$Y_{i_0 j_0} = \max_i Y_{ij_0}$$

所对应的决策 A_{i_0} 为最优决策.

例 8.5 用悲观准则对例 8.2 进行决策.

解 根据表 8.3 得表 8.5.

表 8.5

状态 方案	S_1	S_2	S_3	$\min_j$	$\max_i$
A_1	8	4	-6	-6	
A_2	5	3	-1	-1	
A_3	2	2	2	2	2

于是,我们有

$$Y_{i_0 j_0} = 2, \; A_{i_0} = A_3$$

决策认为采取小批量生产的最优方案. 从另一角度来看,悲观准则也反映了决策者对问题的未来信心不足,态度悲观. 当然对于一个保守的决策者同样要告诫自己不要走到事物的极端,在谨慎形式的前提下,建立进取的信心. 同样,此种原则决策只用了最坏情况下的数据.

8.3.3 乐观准则

当决策者对客观情况持最乐观态度,对任一行动方案都认为将是最好的状态发生,然后选取具有最大损益值的行动为最优的决策原则,称为乐观准则,也称为最大最大准则.

一般来说,若对每个 A_i 有

$$Y_{ij_0} = \max_j Y_{ij}$$

则

$$Y_{i_0 j_0} = \max_i Y_{ij_0}$$

所对应的决策 A_{i_0} 为最优决策.

例 8.6 用乐观准则对例 8.2 进行决策.

解 直接根据表 8.2 得表 8.6.

表 8.6

状态\方案	S_1	S_2	S_3	$\max_j$	$\max_i$
A_1	8	4	−6	8	8
A_2	5	3	−1	5	
A_3	2	2	2	2	

于是,我们有

$$Y_{i_0 j_0} = 8, \quad A_{i_0} = A_1$$

乐观准则决策认为,选择大批量生产为最优方案. 从另一角度来看,乐观准则也反映了决策者的进取精神与冒险性格. 当然对于敢冒风险的决策者要多了解事物的本质, 预测事物发展的规律, 遇事需三思而行.

8.3.4 等可能性准则

等可能性准则是 19 世纪数学家 Laplace 提出的. 他认为, 当一人面临着某事件集合, 在没有什么确切理由来说明这一事件比那一事件有更多发生机会时, 只能认为各事件发生的机会是均等的. 决策者求出每一行动方案在各状态下损益值的算术平均值, 然后选取具有最大平均值的行动为最优的决策原则, 称为等可能性准则, 也称为 Laplace 准则.

一般来说, 若对每个 A_i 有

$$Y_{ij_0} = \frac{1}{n} \sum_{j=1}^{n} Y_{ij}$$

其中 n 为状态种类数, 则

$$Y_{i_0 j_0} = \max_i Y_{ij_0}$$

所对应的决策 A_{i_0} 为最优决策.

例 8.7 用等可能性准则对例 8.2 进行决策.

解 根据表 8.3 得表 8.7.

表 8.7

状态 \ 方案	S_1	S_2	S_3	$\frac{1}{3}\sum_{j=1}^{3} Y_{ij}$	$\max_i$
A_1	8	4	-6	2	
A_2	5	3	-1	$\frac{7}{3}$	$\frac{7}{3}$
A_3	2	2	2	2	

于是, 我们有

$$Y_{i_0 j_0} = \frac{7}{3}, \ A_{i_0} = A_2$$

按等可能性准则决策中批量生产为最优方案.

这种决策思想虽然比较简单,但它在决策中利用了所有数据,避免了前两个决策准则的极端性,有时效果可能会更好.

8.3.5 折中准则

当用悲观准则或乐观准则来处理问题时,有的决策者认为过于极端,而用等可能性准则又被认为过于简单,于是提出如下决策准则.

对于任一行动方案 A_i 的最好与最差的两个状态下的损益值,求加权平均值,即

$$H_i = \alpha \max_j Y_{ij} + (1-\alpha) \min_j Y_{ij} \qquad (8.1)$$

其中 $\alpha \in [0,1]$ 称为乐观系数. 然后选取具有较大加权平均值的行动为最优行动的决策原则,称为折中准则,也称 Hurwicz 准则.

从上面讨论可知,当 $\alpha = 1$ 时,则为乐观准则;当 $\alpha = 0$ 时,则为悲观准则.

例 8.8 用折中准则对例 8.2 进行决策,并取 $\alpha = 0.7$,则 $1 - \alpha = 0.3$.

解 根据表 8.3 得表 8.8.

表 8.8

状态\方案	S_1	S_2	S_3	$\max_j$	$\min_j$
A_1	8	4	-6	8	-6
A_2	5	3	-1	5	-1
A_3	2	2	2	2	2

由式(8.1),得

$$H_1 = 0.7 \times 8 + 0.3 \times (-6) = 3.8$$

$$H_2 = 0.7 \times 5 + 0.3 \times (-1) = 3.2$$
$$H_3 = 0.7 \times 2 + 0.3 \times 2 = 2$$

所以

$$H^* = \max_i H_i = 3.8$$

因此,按折中准则得决策 A_1 为最优方案,即大批量生产为最优方案.

值得注意的是,α 的值反映了决策者对问题的看法,若是乐观的,则 α 取较大值;若是较乐观的,则 α 取中等值;若是悲观的,则 α 取较小的值.

8.3.6 最小最大后悔准则

该准则的基本思想是 Savage 提出的. 它是指:如果在将来再来看已经做出的决策,可能会发现机会损失和后悔有多少的准则. 具体定义如下:

若对于任一行动方案 A_i 都认为是最大的后悔值,所对应的状态发生. 然后选取具有最小后悔值的行动为最优的决策准则,称为最小最大后悔准则,也称为 Savage 准则. 若设 R_{ij} 表示对应于状态 S_j 下选取方案 A_i 的后悔值,则有

$$R_{ij} = \max_i Y_{ij} - Y_{ij} \tag{8.2}$$

例 8.9 用最小最大后悔准则对例 8.2 进行决策.

解 首先利用表 8.2 和式(8.2)求得后悔值,然后利用最小最大后悔准则进行决策(如表 8.9 所示).

表 8.9

状态 方案	S_1	S_2	S_3	$\max_j$	$\min_i$
A_1	0	0	8	8	
A_2	3	1	3	3	3
A_3	6	2	0	6	

由此可知,应选方案 A_2 为最优方案,即中批量生产为最优.

最小最大后悔准则是以尽量避免较大的决策失误而进行的决策准则,它不仅说明了决策者不求最好但求无过的保守思想,而且体现了决策者对所面临问题处于信心不足但又不愿失去机会的矛盾心理,它是一个较稳妥的决策准则.

在不确定型决策中是因人因地因时选择决策准则的,对同一个不确定型决策问题,采取不同的决策准则,得到的结果一般不一致.而且难以判断所用准则的优劣性,具有一定的盲目性.为了改善其效果,我们应该尽可能获得有关事件发生的信息,使不确定型决策问题转化为风险型决策问题.下面将介绍风险型决策问题.

8.4 风险型决策问题

8.4.1 风险型决策

风险型决策是指决策者对客观情况不甚了解,但对将发生各事件的概率是已知的,决策者往往通过调查,根据过去的经验或主观估计等途径获得这些概率. 其更为详细定义如下:

满足下列五个条件的决策问题称为风险型决策问题:

(1) 存在一个明确的决策目标;

(2) 存在两个或两个以上随机的自然状态;

(3) 存在可供决策者选择的两个或两个以上的行动方案;

(4) 不同方案在各种自然状态影响下的损益值可以计算出来;

(5) 找到了随机状态的概率分布.

例 8.10   为了开发某种新产品,某企业需要对生产设备的投资规模作出决策. 设现有三种可供选择的方案: A_1 购买大型设备; A_2 购买中型设备; A_3 购买小型设备. 未来市场对这种产品的需求也有三种自然状态: S_1 需求量较大; S_2 需求量中等; S_3 需求量较小. 经估计采用方案 A_i 而实际发生状态 S_j 时,企业的损益值及按有关资料预测相应的概率如表 8.10 所示.

表 8.10

状态	概率	方案 A_1	方案 A_2	方案 A_3
S_1	0.3	50	30	10
S_2	0.4	20	25	10
S_3	0.3	−20	−10	10

问企业应选取何种方案,可使其收益值为最大?

此问题是一个典型的风险型决策问题.下面介绍求解风险型决策问题的几种常用准则.

8.4.2 最大可能准则

决策者在所有可能出现的自然状态中,找一个出现概率最大的自然状态所对应的那个决策为最优方案,称为最大可能准则,它把风险型决策问题化为一个确定型决策问题.

例 8.11 用最大可能准则对例 8.10 进行决策.

解 根据表 8.10 知,自然状态 S_2 出现的概率最大,而目标是要求收益值为最大.所以从表 8.10 中状态 S_2 过程中损益值 25 为最大,因此选取方案 A_2 为最优方案.

若我们面临的是这样一种风险型决策,在其所有的自然状态中,其中之一出现的概率要比其他自然状态出现的概率大得多,而且它们相应的损益值差别不很大,那么用最大可能准则较为有效.但若在所有的自然状态出现的概率均很小,并且很接近,此时用最大可能准则就不太合适,可以选用下面提到的其他准则等.

8.4.3 期望值准则

这是较常用的决策准则,此法对于每一个行动方案 A_i,计算出

其损益值的期望值,然后选取具有较大损益值的方案为最优的决策准则. 方案 A_i 的期望值

$$EA_i = \sum_{j=1}^{n} a_{ij} p_j \quad (i = 1, 2, \cdots, m)$$

其中 a_{ij} 表示在自然状态 S_j 下,方案 A_i 所取的损益值,p_j 表示自然状态 S_j 出现的概率.

若对任意的 i,都有

$$EA_{i_0} \geqslant EA_i$$

则 A_{i_0} 为最优方案.

例 8.12 用期望值准则对例 8.10 进行决策.

解 根据表 8.10,计算各方案的期望值如下:

$$
\begin{aligned}
EA_1 &= a_{11} p_1 + a_{12} p_2 + a_{13} p_3 \\
&= 50 \times 0.3 + 20 \times 0.4 + (-20) \times 0.3 = 17 \\
EA_2 &= a_{21} p_1 + a_{22} p_2 + a_{23} p_3 \\
&= 30 \times 0.3 + 25 \times 0.4 + (-10) \times 0.3 = 16 \\
EA_3 &= a_{31} p_1 + a_{32} p_2 + a_{33} p_3 \\
&= 10 \times 0.3 + 10 \times 0.4 + 10 \times 0.3 = 10
\end{aligned}
$$

由于 $EA_1 > EA_2 > EA_3$,所以选取方案 A_1,即购买大型设备可使企业收益值最大.

需要指出的是,在利用期望值准则进行决策时,仍要冒一定的风险. 因为我们仅得到了未来各种状态发生的可能性大小,并不意味着得知了那种状态必然发生. 问题最终出现的仍是众多状态中的某一个. 但我们利用预测的结果来决策未来的行为是很有价值的,这就是期望值准则的优点.

8.4.4 决策树准则

这是把整个决策问题看作一个母系统,把互相联系的因素看

作子系统,先对子系统进行决策,然后对母系统进行累次决策.这是个由后往前逐步求解的过程.由于整个图形像一棵树,所以把这种图解法称为决策树准则.它也可看成期望值准则一个具体直观的操作方式.

例 8.13 用决策树准则对例 8.10 进行决策.

解 (1)画决策树(如图 8 - 1 所示).

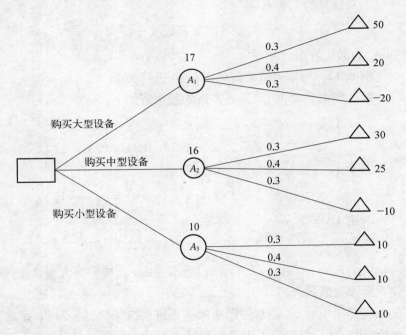

图 8 - 1

□—决策点,从它列出的分枝称为方案分枝;
○—方案节点,其上方的数字表示该方案的损益期望值,从它列出的分枝
　　称为概率分枝;
△—结果节点,它旁边的数字是每一方案在相应状态下的损益值.

(2) 计算各点的损益期望值,并标在图上.

(3) 将各方案节点上的期望值加以比较,选取最优的期望值写在决策点的上方,未选中的分枝全部剪枝,画上记号"×".经比较,A_1 为最优方案,即购买大型设备可使企业收益值为最大.

习　题

1. 某食品商店经营某种食品,其进货价为每个 3 元,销售价为每个 5 元.若该食品当天售不完,就要每个损失 1.5 元.根据以往销售经验,该食品每天的销售量估计可能为 1 000,2 000 或 3 000 个.试分别用乐观准则、悲观准则、等可能性准则、折中准则 $(\alpha = 0.7)$ 和最小最大后悔准则决策每天进多少货才使每天的此项利润为最大.

2. 某企业估计在今后几年内产品所面临的销售情况有三种,对改进生产设备有三种方案可供选择,不同方案在各种情况下可能的净收益(单位:万元)估计如表 8.11 所示.

表 8.11

销售情况\方案	很　好	一　般	较　差
A_1	20	10	8
A_2	24	15	5
A_3	30	13	0

试用最小最大后悔准则,确定上述三种方案应选取哪一种更为有利.

3. 一个工厂要确定下一个计划内产品的生产批量.根据经验并通过市场调查得知,产品销路较好、一般和较差的概率分别为 0.3、0.5 和 0.2.采用大批量生产可能获利分别为 160 万元、120 万元和 80 万元;中批量生产可能获利分别为 160 万元、160 万元和 100 万元;小批量生产可能获利都是 120 万元. 试用期望值准则进行决策.

4. 有一项工程,施工管理人员要决定下月是否开工,如果开工后天气好,能够按期完工,并可得利润 6 万元;如果开工后天气坏,将造成损失 3 万元;假如不开工,不论天气好坏都要付出停工费 0.6 万元. 根据历年下月的气象资料知,下月天气好的概率为 0.6,试用最大可能准则作出决策.

5. 某石油公司拥有一块据称含油的土地. 该公司从相似地质区域内油井中得到的资料估计,若在该工地钻井开采,则采油量为 50 万桶、20 万桶、5 万桶及 0 桶的概率分别为 0.1、0.15、0.25 及 0.5. 该公司有三种可供选择方案:A_1(钻井探油);A_2(把土地无条件租出去);A_3(把土地有条件租出去). 钻得一口产油井的费用是 100 万元,钻得一口涸井的费用是 75 万元,对产油井来说,每桶可获利 20 元. 若采取方案 A_2,公司可收入租让费 45 万元,而有条件租让,合同则规定:假如该土地的采油量达到 50 万桶或 20 万桶,则公司可以从每桶油中收入 5 元,否则公司无任何收入. 试给出该石油公司的损益表并分别用期望值准则求最优决策和用决策树准则画出决策过程.

6. 某企业估计在今后三年内产品销售情况很好的可能为 50%,一般的可能为 20%,差的可能为 30%,为生产这类产品,企业面临的问题是改造旧设备还是购置新设备. 根据市场调查和预测,今后三年的净收益(单位:万元)情况如表 8.12 所示.

表 8.12

销售情况 \ 方案	很 好	一 般	较 差
改造旧设备	6	5	3
购置新设备	8	6	0

问该企业在改造旧设备和购置新设备的两种方案中应选择哪一种较为有利?

7. 现有两个建厂方案:一是建大厂,二是建小厂.大厂需要投资 350 万元,小厂需要投资 20 万元,两者的使用期都是 15 年.估计在此期间,产品销路好的可能性是 0.6,两个方案的年度收益值如表 8.13 所示.

表 8.13

自然状态	概率	建大厂收益/万元	建小厂收益/万元
销路好	0.6	250	80
销路差	0.4	−50	15

试用决策树准则确定是建大厂好,还是建小厂好.若把使用期分为前六年和后九年考虑,前六年销路好的概率为 0.6,而如果前六年的销路好,则后九年销路好的概率为 0.8.如果前六年的销路差,则后九年销路肯定差.在这种情况下,建大厂和建小厂哪个方案好?试用决策树准则来决策.

第九章 对 策 论

摘要:对策论是研究具有竞争或对抗性质现象的数学理论和方法,它是运筹学的一个重要学科,也是现代数学的一个分支.在 1944 年,von Neumann 和 Morgenstein 在《对策论与经济行为理论》一书中,对二人零和对策作了详细的讨论.之后,关于非零和对策,多人非合作和合作对策,微分对策,随机对策等取得很大的进展.对策论在军事学、管理科学、经济学和心理学等有很多应用.

9.1 对 策 问 题

9.1.1 对策论例题

例 9.1(石头-剪刀-手帕游戏) 两个人参加这游戏,参加者各人可出石头、剪刀或手帕.石头胜剪刀,剪刀胜手帕,手帕胜石头.若参加者同时出石头或剪刀或手帕,则为和局.

例 9.2(齐王-田忌赛马) 战国时期,齐王要与大将田忌赛马.双方约定从各人的上、中、下三个等级的马中各选一匹进行比赛.每次比赛,输者付赢者千金.

已经知道,在同等级的马中,田忌的马都不如齐王的马,而如果田忌用高一等级的马,则可以获胜.田忌的谋士给他出了个主意:每次比赛时先让齐王牵出他参赛的马,然后用下马对齐王的上马,中马对齐王的下马,上马对齐王的中马.比赛结果田忌二胜一负,赢得一千金.

例 9.3(饮料集团广告战) A 和 B 是两个相互竞争的饮料集团,他们要决定是花 6 百万元还是 1 千万元去做 广告. 如果 A 和 B 各花 6 百万元做广告,则他们的收益(销售赢利一广告费)各为 6 百万元. 如果 A 和 B 各花 1 千万元做广告,则他们的收益各为 2 百万元. 如果 A 花 1 千万元做广告而 B 花 6 百万元做广告,则 A 的收益为 9 百万元,但 B 的收益为—1 百万元;反过来,如果 B 花 1 千万元做广告而 A 花 6 百万元做广告,则 B 的收益为 9 百万元,但 A 的收益为—1 百万元. A 和 B 应该花多少钱去做广告.

例 9.4(多人合作对策) 某单位拥有一片土地,可公开出卖得 1 百万元. 这片土地给开发商 1,可得收益 2 百万元,若这片土地给开发商 2,可得收益 3 百万元.

注 9.1 在本书中我们将不对多人合作对策作进一步的讨论.

9.1.2 局中人 局中人的策略集合 支付函数

从上面的例题可以看出,对策问题和规划问题不一样:规划问题中决策者只有一个,而对策问题中决策者不止一个,而且他们的目标是竞争性和对抗性的. 我们把对策问题中决策者称为局中人. 例如,在齐王-田忌赛马问题中,齐王和田忌都是局中人. 如果对策问题中决策者是两个,我们称它为二人对策问题. 石头-剪刀-手帕游戏和齐王-田忌赛马问题都是二人对策问题. 如果一个对策问题中决策者是 n 个,则称它为 n 人对策问题.

每一个局中人都有一个供他选择的策略集合(局中人的策略集合). 在石头-剪刀-手帕游戏中,参加者的策略集合为{石头,剪刀,手帕}. 如果一个对策问题的策略集合的备选策略是有限个,则称这个对策问题为有限对策问题,否则称之为无限对策问题.

对应于每一个局中人,还有一个支付函数. 当每个局中人选定了策略后,由支付函数可表出应该支付给局中人的数目. 例如,在石头-剪刀-手帕游戏中,支付给胜者1,支付给败者-1,和局为0.

9.1.3 对策问题

一个对策问题 G 由局中人、局中人的策略集合和支付函数等三部分组成. 设这个对策问题有 n 个局中人. 我们记局中人的集合为 $I:I = \{1, 2, \cdots, n\}$. 每一个局中人都有一个供他选择的策略集合: $S = \{S_1, S_2, \cdots, S_n\}$,其中 S_i 是第 i 个局中人的策略集合. 支付函数是局中人的策略的函数. 设第 i 个局中人从他的策略集合中选择 s_i $(i = 1, 2, \cdots, n)$,给第 i 个局中人的支付为 $p_i = p_i(s_1, s_2, \cdots, s_n)$. 设 $P = \{p_1, p_2, \cdots, p_n\}$ 为局中人支付函数的集合,则一个对策问题可以用

$$G = \{I, S, P\}$$

来描述.

例 9.1(继续) 石头-剪刀-手帕游戏是二人对策问题. 局中人 1 的策略集合为 $S_1 = \{$石头,剪刀,手帕$\}$,局中人 2 的策略集合为 $S_2 = \{$石头,剪刀,手帕$\}$. 局中人 1 的支付函数如表 9.1 所示.

表 9.1

支 付	石 头	剪 刀	手 帕
石 头	0	1	-1
剪 刀	-1	0	1
手 帕	1	-1	0

即 $p_1($石头,石头$) = 0$, $p_1($石头,剪刀$) = 1$, $p_1($石头,手帕$) = -1, \cdots$. 局中人 2 的支付函数与局中人 1 的相反: $p_2($石头,石头$) = 0, p_2($石头,剪刀$) = -1$, $p_2($石头,手帕$) = 1, \cdots$.

例 9.2(继续) 齐王-田忌赛马也是二人对策问题. 局中人齐王

和田忌的策略集合分别为 S_1 和 S_2，$S_1 = S_2 = \{($上中下$),($上下中$),($中上下$),($中下上$),($下上中$),($下中上$)\}$. 齐王的支付函数 $p_1(\cdot,\cdot)$ 如表 9.2 所示.

表 9.2

支　付	(上中下)	(上下中)	(中上下)	(中下上)	(下中上)	(下上中)
(上中下)	3	1	1	1	1	−1
(上下中)	1	3	1	1	−1	1
(中上下)	1	−1	3	1	1	1
(中下上)	−1	1	1	3	1	1
(下中上)	1	1	−1	1	3	1
(下上中)	1	1	1	−1	1	3

齐王赢得的支付为 $p_1(($上中下$),($上中下$)) = 3$, $p_1(($上中下$),($上下中$)) = 1$, $p_1(($上中下$),($中上下$)) = 1$, $p_1(($上中下$),($中下上$)) = 1$, $p_1(($上中下$),($下中上$)) = 1$, $p_1(($上中下$),($下上中$)) = -1$, …. 田忌赢得的支付与齐王赢得的支付相反: $p_2(\cdot,\cdot) = -p_1(\cdot,\cdot)$.

例 9.3(继续)　饮料集团广告战问题也是二人对策问题. 局中人饮料集团 A 和饮料集团 B 的策略集合分别为 S_1 和 S_2, $S_1 = S_2 = \{6$百万元$,1$千万元$\}$. 他们的支付函数如表 9.3 所示.

表 9.3

A 的广告费 B 的广告费	1 千万元	6 百万元
1 千万元	(2 百万元, 2 百万元)	(−1 百万元, 9 百万元)
6 百万元	(9 百万元, −1 百万元)	(6 百万元, 6 百万元)

即 $p_A(1\text{千万元},1\text{千万元})=2\text{百万元},p_B(1\text{千万元},1\text{千万元})=2$ 百万元；$p_A(1\text{千万元},6\text{百万元})=9\text{百万元},p_B(1\text{千万元},6\text{百万元})=-1\text{百万元};p_A(6\text{百万元},1\text{千万元})=-1\text{百万元},p_B(6\text{百万元},1\text{千万元})=9\text{百万元};p_A(6\text{百万元},6\text{百万元})=6\text{百万元},p_B(6\text{百万元},6\text{百万元})=6\text{百万元}.$

例 9.4(继续) 多人合作对策问题是三人对策问题. 局中人为土地拥有者、土地开发商 1 和土地开发商 2. 土地拥有者的策略集合为{公开出卖,与开发商 1 合作,与开发商 2 合作},土地开发商 1 的策略集合为{不作开发,与土地拥有者合作,与土地拥有者及开发商 2 合作},土地开发商 2 的策略集合为{不作开发,与土地拥有者合作,与土地拥有者及开发商 1 合作}.

如果用 0 记土地拥有者,1 记开发商 1, 2 记开发商 2,用 v 记所得的收益(得到的支付),则

$$v(0)=1\text{百万元}, \quad v(1)=0\text{百万元}, \quad v(2)=0\text{百万元}$$

$$v(0,1)=2\text{百万元}, \quad v(0,2)=3\text{百万元}$$

$$v(1,2)=0\text{百万元}, \quad v(0,1,2)=3\text{百万元}$$

9.2 矩 阵 对 策

9.2.1 二人零和对策 矩阵对策

考虑一个二人对策 $G(I=\{1,2\})$,如果对于局中人 1 的任意策略 s_1 和局中人 2 的任意策略 s_2,有

$$p_1(s_1, s_2)+p_2(s_1, s_2)=0 \tag{9.1}$$

则称 G 为二人零和对策. 局中人 1 得到的支付 $p_1(s_1, s_2)$ 等于局中人 2 的付出 $p_2(s_1, s_2)$. 记

$$p(s_1, s_2)=p_1(s_1, s_2)=-p_2(s_1, s_2)$$

假设 G 中两局中人的策略集合是有限的:局中人 1 有 m 个策略 α_1, α_2, $\cdots$, α_m,局中人 2 有 n 个策略 β_1, β_2, $\cdots$, β_n. 令

$$a_{ij} = p(\alpha_i, \beta_j)$$

则对策 G 由矩阵(支付矩阵)

$$A = \begin{bmatrix} a_{11} & a_{12} & \cdots & a_{1n} \\ a_{21} & a_{22} & \cdots & a_{2n} \\ \vdots & \vdots & & \vdots \\ a_{m1} & a_{m2} & \cdots & a_{mn} \end{bmatrix}$$

完全确定. 这种二人零和对策称为矩阵对策.

例 9.2(继续)　石头-剪刀-手帕游戏是二人零和对策,它的支付矩阵为

$$A = \begin{pmatrix} 0 & 1 & -1 \\ -1 & 0 & 1 \\ 1 & -1 & 0 \end{pmatrix}$$

例 9.2(继续)　齐王-田忌赛马也是二人零和对策问题. 它的支付矩阵为

$$A = \begin{pmatrix} 3 & 1 & 1 & 1 & 1 & -1 \\ 1 & 3 & 1 & 1 & -1 & 1 \\ 1 & -1 & 3 & 1 & 1 & 1 \\ -1 & 1 & 1 & 3 & 1 & 1 \\ 1 & 1 & -1 & 1 & 3 & 1 \\ 1 & 1 & 1 & -1 & 1 & 3 \end{pmatrix}$$

9.2.2　对策的值　平衡解

在这种对策中,局中人 1 希望支付值 a_{ij} 越大越好,局中人 2 希望付出值 a_{ij} 越小越好. 如果局中人 1 选取第 1 个策略,即 $i = 1$,则

他至少可得支付

$$\min_{1 \leqslant j \leqslant n} a_{1j}$$

一般地,如果局中人 1 选取第 i 个策略,则他至少可得支付

$$\min_{1 \leqslant j \leqslant n} a_{ij} \tag{9.2}$$

由于局中人 1 希望支付值 a_{ij} 越大越好,他可以选择他的策略 i,使得他得到的支付不少于

$$\max_{1 \leqslant i \leqslant m} \min_{1 \leqslant j \leqslant n} a_{ij} \tag{9.3}$$

对于局中人 2 来说,如果他选取第 j 个策略,则他至多失去

$$\max_{1 \leqslant i \leqslant m} a_{ij} \tag{9.4}$$

由于局中人 2 希望失去值 a_{ij} 越小越好,他可以选择他的策略 j,使得他的失去不大于

$$\min_{1 \leqslant j \leqslant n} \max_{1 \leqslant i \leqslant m} a_{ij} \tag{9.5}$$

一个矩阵对策,如果它的支付矩阵 $\boldsymbol{A} = (a_{ij})$ 的元素满足

$$v = \max_{1 \leqslant i \leqslant m} \min_{1 \leqslant j \leqslant n} a_{ij} = \min_{1 \leqslant j \leqslant n} \max_{1 \leqslant i \leqslant m} a_{ij} \tag{9.6}$$

则称这个值 v 为对策的值.

当式(9.6)成立时,必有一个局中人 1 的策略 i^* 和一个局中人 2 的策略 j^*,使得

$$v = \max_{1 \leqslant i \leqslant m} \min_{1 \leqslant j \leqslant n} a_{ij} = \min_{1 \leqslant j \leqslant n} a_{i^* j}$$

和

$$v = \min_{1 \leqslant j \leqslant n} \max_{1 \leqslant i \leqslant m} a_{ij} = \max_{1 \leqslant i \leqslant m} a_{ij^*}$$

所以

$$\max_{1 \leqslant i \leqslant m} a_{ij^*} = \min_{1 \leqslant j \leqslant n} a_{i^* j}$$

但是

$$\max_{1 \leqslant i \leqslant m} a_{ij^*} \geqslant a_{i^*j^*} \geqslant \min_{1 \leqslant j \leqslant n} a_{i^*j}$$

于是

$$\max_{1 \leqslant i \leqslant m} a_{ij^*} = a_{i^*j^*} = v = \min_{1 \leqslant j \leqslant n} a_{i^*j}$$

因此,对于局中人 1 的策略 i^* 和局中人 2 的策略 j^*,我们有

$$a_{ij^*} \leqslant a_{i^*j^*} \leqslant a_{i^*j} \tag{9.7}$$

也就是说,如果局中人 1 选取策略 i^*,则若局中人 2 选择 j^* 以外的策略,支付值不可能小于 v;如果局中人 2 选取策略 j^*,则若局中人 1 选择 i^* 以外的策略,支付值不可能大于 v. 我们称策略对 (i^*, j^*) 为对策 G 的一个解(平衡解),也称 (i^*, j^*) 为 G 的一个鞍点.

例 9.5 考虑一对策 G,它的支付矩阵为

$$\boldsymbol{A} = \begin{pmatrix} 2 & 1 & 2 \\ 3 & -1 & 0 \\ -3 & 0 & 3 \end{pmatrix}$$

解 对于局中人 1, 由于

$$\min_j a_{1j} = a_{12} = 1, \ \min_j a_{2j} = a_{22} = -1, \ \min_j a_{3j} = a_{31} = -3$$

故

$$\max_i \min_j a_{ij} = 1 \text{(对应的策略为 } \alpha_1)$$

对于局中人 2,由于

$$\max_i a_{i1} = a_{21} = 3, \ \max_i a_{i2} = a_{12} = 1, \ \max_i a_{i3} = a_{33} = 3$$

故

$$\min_j \max_i a_{ij} = 1 \text{(对应的策略为 } \beta_2)$$

由于 $\max_i \min_j a_{ij} = \min_j \max_i a_{ij} = 1$. 所以,这个对策的平衡解是 (α_1, β_2),其值为 1.

注 9.2 对策的支付矩阵不一定是方阵,因为各局中人的策略集的个数并不一定相等. 例如,局中人 1 的策略集中有 2 个策略,局中人 2 的策略集中有 3 个策略. 它们的支付矩阵为

$$A = \begin{bmatrix} 7 & 2 & 11 \\ 6 & 1 & 4 \end{bmatrix}$$

用 $\max \min = \min \max$ 方法可得,$\max\limits_{i} \min\limits_{j} a_{ij} = \min\limits_{j} \max\limits_{i} a_{ij} = 2$,这个对策的平衡解是 (α_1, β_2),其值为 2.

注 9.3 对策的平衡解不一定唯一. 例如,对策问题 G 的支付矩阵为

$$A = \begin{bmatrix} 7 & 4 & 8 & 4 \\ 0 & 3 & 6 & 2 \\ 5 & 4 & 7 & 4 \\ 8 & 3 & -1 & 2 \end{bmatrix}$$

用 $\max \min = \min \max$ 方法可得,$\max\limits_{i} \min\limits_{j} a_{ij} = \min\limits_{j} \max\limits_{i} a_{ij} = 4$,这个对策的平衡解是 $(\alpha_1, \beta_2),(\alpha_1, \beta_4)(\alpha_3, \beta_2),(\alpha_3, \beta_4)$,其值为 4.

9.2.3 纯策略 混合策略

一般来说,对策 G 的平衡解和值不一定存在.

例 9.1(继续) 石头-剪刀-手帕游戏不存在平衡解和值.

由石头-剪刀-手帕游戏的支付矩阵,对于局中人 1,由于

$$\min\limits_{j} a_{1j} = a_{13} = -1, \quad \min\limits_{j} a_{2j} = a_{21} = -1, \quad \min\limits_{j} a_{3j} = a_{32} = -1$$

$$\max\limits_{i} \min\limits_{j} a_{ij} = -1 \text{(对应的策略为 } \alpha_1, \alpha_2, \alpha_3)$$

对于局中人 2, 由于

$$\max\limits_{i} a_{i1} = a_{13} = 1, \quad \max\limits_{i} a_{i2} = a_{12} = 1, \quad \max\limits_{i} a_{i3} = a_{23} = 1$$

故

$$\min_j \max_i a_{ij} = 1 \ (\text{对应的策略为 } \beta_1, \beta_2, \beta_3)$$

由于 $\max_i \min_j a_{ij} = -1 < \min_j \max_i a_{ij} = 1$. 所以,这个对策的平衡解和值不存在.

例 9.2(继续) 齐王-田忌赛马问题也不存在平衡解和值.

我们称上面这种平衡解为对应于 G 的纯策略的平衡解. 由于对策 G 的对应于纯策略的平衡解和值不一定存在,von Neumann 扩展纯策略的平衡解和值的概念,引进了混合策略.

假设对策 G 的局中人 1 有 m 个策略 $S_1 = \{\alpha_1, \alpha_2, \cdots, \alpha_m\}$,局中人 2 有 n 个策略 $S_2 = \{\beta_1, \beta_2, \cdots, \beta_n\}$. 令

$$\overline{S}_1 = \{\boldsymbol{x} = (x_1, x_2, \cdots, x_m) \mid x_i \geqslant 0,$$
$$i = 1, 2, \cdots, m; \sum_{i=1}^m x_i = 1\} \tag{9.8}$$

$$\overline{S}_2 = \{\boldsymbol{y} = (y_1, y_2, \cdots, y_n) \mid y_j \geqslant 0,$$
$$j = 1, 2, \cdots, n; \sum_{j=1}^n y_j = 1\} \tag{9.9}$$

则分别称 $\overline{S}_1$ 和 $\overline{S}_2$ 为局中人 1 和局中人 2 的混合策略集. 令

$$E(\boldsymbol{x}, \boldsymbol{y}) = \sum_{i=1}^m \sum_{j=1}^n a_{ij} x_i y_j \tag{9.10}$$

我们称 $\overline{G} = \{\overline{S}_1, \overline{S}_2, E\}$ 为对策 G 的混合扩充. 如果混合策略对 $(\boldsymbol{x}^*, \boldsymbol{y}^*)$ 具有下列性质:对于任意的混合策略对 $(\boldsymbol{x}, \boldsymbol{y})$,有

$$E(\boldsymbol{x}, \boldsymbol{y}^*) \leqslant E(\boldsymbol{x}^*, \boldsymbol{y}^*) \leqslant E(\boldsymbol{x}^*, \boldsymbol{y}) \tag{9.11}$$

则称 $(\boldsymbol{x}^*, \boldsymbol{y}^*)$ 为 $\overline{G}$ 的混合平衡解,而称 $\overline{v} = E(\boldsymbol{x}^*, \boldsymbol{y}^*)$ 为 $\overline{G}$ 的值.

由于 $x_i \geqslant 0 \ (i = 1, 2, \cdots, m)$ 和 $\sum_{i=1}^m x_i = 1$ 这个概率性质,混合策略集 $\overline{S}_1$ 中的一个混合策略 $(x_1, x_2, \cdots, x_m)$ 以概率 x_i 取策略

$\alpha_i (i=1, 2, \cdots, m)$. 类似地,混合策略集$\overline{S}_2$中的一个混合策略$(y_1,$ $y_2, \cdots, y_n)$以概率y_j取策略$\beta_j (j=1, 2, \cdots, n)$.

注 9.4 当$\boldsymbol{x}=(0, \cdots, 0, 1, 0, \cdots, 0)$时,其中只有第$i$个分量为1,其余的为0,则此混合策略退化为纯策略$\alpha_i$. 类似地,当$\boldsymbol{y}=(0, \cdots, 0, 1, 0, \cdots, 0)$时,其中只有第$j$个分量为1,其余的为0,则此混合策略退化为纯策略$\beta_j$.

由上述讨论,$(\boldsymbol{x}^*, \boldsymbol{y}^*)$为$\overline{G}$的混合平衡解的充要条件是:存在$v$,使得$(\boldsymbol{x}^*, \boldsymbol{y}^*)$为下列不等式组的解:

$$\sum_{i=1}^{m} a_{ij}x_i \geqslant v \quad (j=1, 2, \cdots, n)$$

$$\sum_{i=1}^{n} x_i = 1 \tag{9.12}$$

$$x_i \geqslant 0 \quad (i=1, 2, \cdots, m)$$

$$\sum_{j=1}^{n} a_{ij}y_j \leqslant v \quad (i=1, 2, \cdots, m)$$

$$\sum_{j=1}^{n} y_i = 1 \tag{9.13}$$

$$y_j \geqslant 0 \quad (j=1, 2, \cdots, m)$$

注 9.5 由上面的式子可以看出,我们可不妨假设G的值v和矩阵的系数$a_{ij} > 0$. 不然的话,可以在每个系数上加一个常数$c > 0$得(由于$\sum_i x_i = 1$, $\sum_j y_j = 1$):

$$\sum_{i=1}^{m} (a_{ij}+c) x_i \geqslant v+c \quad (j=1, 2, \cdots, n)$$

$$\sum_{j=1}^{n} (a_{ij}+c) y_j \leqslant v+c \quad (i=1, 2, \cdots, m)$$

即平衡解保持不变,但是值v变为$v+c$.

9.3 矩阵对策和线性规划

9.3.1 化矩阵对策问题为线性规划问题

考虑下列两个(对偶的)线性规划问题:

$$(P) \begin{cases} \max w \\ \sum_{i=1}^{m} a_{ij}x_i \geqslant w \quad (j = 1, 2, \cdots, n) \\ \sum_{i=1}^{n} x_i = 1 \\ x_i \geqslant 0 \quad (i = 1, 2, \cdots, m) \end{cases} \tag{9.14}$$

$$(D) \begin{cases} \min v \\ \sum_{j=1}^{n} a_{ij}y_j \leqslant v \quad (i = 1, 2, \cdots, m) \\ \sum_{j=1}^{n} y_i = 1 \\ y_j \geqslant 0 \quad (j = 1, 2, \cdots, m) \end{cases} \tag{9.15}$$

在(P)中令

$$x'_i = \frac{x_i}{w} \quad (i = 1, 2, \cdots, m) \tag{9.16}$$

则 $\sum_i x'_i = \dfrac{1}{w}$,求 w 的最大值相当于求 $\sum_i x'_i$ 的最小值.

类似地,在(D)中令

$$y'_j = \frac{y_j}{v} \quad (i = 1, 2, \cdots, n) \tag{9.17}$$

则 $\sum_j y'_j = \dfrac{1}{v}$,求 v 的最小值相当于求 $\sum_j y'_j$ 的最大值.

(P)和(D)化为下列互为对偶的线性规划问题(P′)和(D′):

$$(P') \begin{cases} \min \sum_{i=1}^{m} x'_i \\ \text{s. t. } \sum_{i=1}^{m} a_{ij}x'_i \geqslant 1 \quad (j=1, 2, \cdots, n) \\ x'_i \geqslant 0 \quad (i=1, 2, \cdots, m) \end{cases} \quad (9.18)$$

$$(D') \begin{cases} \max \sum_{j=1}^{m} y'_j \\ \text{s. t. } \sum_{j=1}^{n} a_{ij}y'_j \leqslant 1 \quad (i=1, 2, \cdots, m) \\ y'_j \geqslant 0 \quad (j=1, 2, \cdots, n) \end{cases} \quad (9.19)$$

9.3.2　混合平衡解的存在性

上述的线性规划(P′)和(D′)有可行解. 例如,令

$$x'_1 = \max\{1/a_{11}, 1/a_{12}, \cdots, 1/a_{1n}\}$$

$$x'_2 = \cdots = x'_m = 0$$

则$(x'_1, x'_2, \cdots, x'_m)$是(P′)的一个可行解. 类似地,令

$$y'_1 = \min\{1/a_{11}, 1/a_{21}, \cdots, 1/a_{m1}\}$$

$$y'_2 = \cdots = y'_n = 0$$

则$(y'_1, y'_2, \cdots, y'_n)$是(D′)的一个可行解.

由线性规划的对偶定理可知,(P′)和(D′)有最优解.

9.3.3　矩阵对策问题的线性规划解法

我们把解矩阵对策问题化为互为对偶的线性规划问题(P)和(D). 在(P)中令

$$x'_i = \frac{x_i}{w} \quad (i=1, 2, \cdots, m) \quad (9.20)$$

在(D)中令

$$y_j' = \frac{y_j}{v} \quad (i = 1, 2, \cdots, n) \tag{9.21}$$

(P)和(D)化为下列互为对偶的线性规划问题(P′)和(D′)：

$$(\text{P}') \begin{cases} \min \sum_{i=1}^{m} x_i' \\ \text{s. t.} \sum_{i=1}^{m} a_{ij} x_i' \geqslant 1 \quad (j = 1, 2, \cdots, n) \\ x_i' \geqslant 0 \quad (i = 1, 2, \cdots, m) \end{cases} \tag{9.22}$$

$$(\text{D}') \begin{cases} \max \sum_{j=1}^{m} y_j' \\ \text{s. t.} \sum_{j=1}^{n} a_{ij} y_j' \leqslant 1 \quad (i = 1, 2, \cdots, m) \\ y_j' \geqslant 0 \quad (j = 1, 2, \cdots, n) \end{cases} \tag{9.23}$$

我们可以用单纯形或对偶单纯形方法求解. 我们还可以用线性规划的软件去求解. 求得线性规划的解后, 再由变换(9.16)和(9.17)求得对策问题的解和对策的值.

9.3.4 例题

例 9.6 用线性规划方法求石头-剪刀-手帕游戏的解.

解 这个对策问题的值是 0, 为了使石头-剪刀-手帕游戏的支付矩阵的元素都是正数, 我们将 2 加到它每个元素上, 得

$$\begin{bmatrix} 2 & 3 & 1 \\ 1 & 2 & 3 \\ 3 & 1 & 2 \end{bmatrix}$$

其对应的线性规划为

$$(\mathrm{P}')\begin{cases} \min x_1' + x_2' + x_3' \\ \text{s. t. } 2x_1' + x_2' + 3x_3' \geqslant 1 \\ \quad 3x_1' + 2x_2' + x_3' \geqslant 1 \\ \quad x_1' + 3x_2' + 2x_3' \geqslant 1 \\ \quad x_1', x_2', x_3' \geqslant 0 \end{cases}$$

$$(\mathrm{D}')\begin{cases} \max y_1' + y_2' + y_3' \\ \text{s. t. } 2y_1' + 3y_2' + y_3' \leqslant 1 \\ \quad y_1' + 2y_2' + 3y_3' \leqslant 1 \\ \quad 3y_1' + y_2' + 2y_3' \leqslant 1 \\ \quad y_1', y_2', y_3' \geqslant 0 \end{cases}$$

用求解线性规划的方法(用单纯形方法,或用计算机软件)求得 $x_1' = x_2' = x_3' = 1/6, 1/v' = 1/2$. 因此,我们得到局中人 1 的解为 $x_1 = x_2 = x_3 = 1/3$. 类似地,我们可得局中人 2 的解为 $y_1 = y_2 = y_3 = 1/3$. 由上述线性规划可得, $v = 2$. 但是,为了使支付矩阵的元素是正数,我们将 2 加到它每个元素上,所以,石头-剪刀-手帕游戏的值为 $2 - 2 = 0$.

注 9.6 在这个例子中,对策的值为 0, 所以,我们先作变换,使支付矩阵的元素是正数.

例 9.7 用线性规划方法求齐王-田忌赛马问题的解.

解 其对应的线性规划为

$$(\mathrm{P})\begin{cases} \min x_1 + x_2 + x_3 + x_4 + x_5 + x_6 \\ \text{s. t. } 3x_1 + x_2 + x_3 - x_4 + x_5 + x_6 \geqslant 1 \\ \quad x_1 + 3x_2 - x_3 + x_4 + x_5 + x_6 \geqslant 1 \\ \quad x_1 + x_2 + 3x_3 + x_4 - x_5 + x_6 \geqslant 1 \\ \quad x_1 + x_2 + x_3 + 3x_4 + x_5 - x_6 \geqslant 1 \\ \quad x_1 - x_2 + x_3 + x_4 + 3x_5 + x_6 \geqslant 1 \\ \quad -x_1 + x_2 + x_3 + x_4 + x_5 + 3x_6 \geqslant 1 \\ \quad x_1, x_2, x_3, x_4, x_5, x_6 \geqslant 0 \end{cases}$$

$$(D) \begin{cases} \max y_1 + y_2 + y_3 + y_4 + y_5 + y_6 \\ \text{s. t.} \quad 3y_1 + y_2 + y_3 + y_4 + y_5 - y_6 \leqslant 1 \\ y_1 + 3y_2 + y_3 + y_4 - y_5 + y_6 \leqslant 1 \\ y_1 - y_2 + 3y_3 + y_4 + y_5 + y_6 \leqslant 1 \\ -y_1 + y_2 + y_3 + 3y_4 + y_5 + y_6 \leqslant 1 \\ y_1 + y_2 - y_3 + y_4 + 3y_5 + y_6 \leqslant 1 \\ y_1 + y_2 + y_3 - y_4 + y_5 + 3y_6 \leqslant 1 \\ y_1, y_2, y_3, y_4, y_5, y_6 \geqslant 0 \end{cases}$$

用求解线性规划的方法(用单纯形方法,或用计算机软件)求得 $x_1 = x_2 = x_3 = x_4 = x_5 = x_6 = 1/6$ 和 $y_1 = y_2 = y_3 = y_4 = y_5 = y_6 = 1/6$. 这个对策问题的值为 $v = 1$.

注 9.7 这个例子的平衡解不是唯一的. 例如, $x_1 = x_4 = x_6 = 1/3$ 和 $y_1 = y_4 = y_6 = 1/3$ 也是一个平衡解.

当一个矩阵对策问题存在纯策略时,用线性规划的方法求得的解也是纯策略,即以概率 1 取对应的纯策略.

例 9.8 重新考虑例 9.5,我们已经求得它的平衡解是 (α_1, β_2).

解 其对应的线性规划为

$$(P') \begin{cases} \min x_1' + x_2' + x_3' \\ \text{s. t.} \ 2x_1' + 3x_2' - 3x_3' \geqslant 1 \\ \phantom{\text{s. t.} \ } x_1' - x_2' + 0x_3 \geqslant 1 \\ \phantom{\text{s. t.} \ } 2x_1' + 0x_2' + 3x_3' \geqslant 1 \\ \phantom{\text{s. t.} \ } x_1', x_2', x_3' \geqslant 0 \end{cases}$$

$$(D') \begin{cases} \max y_1' + y_2' + y_3' \\ \text{s. t.} \quad 2y_1' + 1y_2' + 2y_3' \leqslant 1 \\ \phantom{\text{s. t.} \quad} 3y_1' - y_2' + 0y_3' \leqslant 1 \\ \phantom{\text{s. t.} \quad} -3y_1' + 0y_2' + 3y_3' \leqslant 1 \\ \phantom{\text{s. t.} \quad} y_1', y_2', y_3' \geqslant 0 \end{cases}$$

用求解线性规划的方法求得 $x_1'=1$, $x_2'=x_3'=0$, $1/v'=1$. 因此,我们得到局中人 1 的解为 α_1. 我们可得局中人 2 的解为 $y_1=0$, $y_2=1$, $y_3=0$. 因此,我们得到局中人 2 的解为 β_2. 由上述线性规划可得,$v=1$.

9.4 多人非零和对策

9.4.1 非零和对策

在实际问题中,即使是二人对策,也不都是甲输多少即乙赢多少(零和的). 考虑一个二人对策问题 G. 设局中人 1 得到的支付为 $p_1(s_1, s_2)$,而局中人 2 的支付为 $p_2(s_1, s_2)$. 如果存在一策略对 (s_1^*, s_2^*),使得对于局中人 1 的任意策略 s_1 和局中人 2 的任意策略 s_2,我们有

$$p_1(s_1^*, s_2) \leqslant p_1(s_1^*, s_2^*)$$
$$p_2(s_1, s_2^*) \leqslant p_2(s_1^*, s_2^*)$$

(9.24)

则称 (s_1^*, s_2^*) 为 G 的平衡解.

例 9.9 在 9.1 节中的饮料集团广告战问题是非零和的. 容易验证,$s_1^*=6$ 百万元,$s_2^*=6$ 百万元满足平衡解的定义.

$$\left.\begin{array}{l} p_A(6, 10)=-1 \\ p_A(6, 6)=6 \end{array}\right\} \leqslant p_A(6, 6)=6$$

$$\left.\begin{array}{l} p_B(10, 6)=-1 \\ p_B(6, 6)=6 \end{array}\right\} \leqslant p_B(6, 6)=6$$

其中,我们用 $p_A(6, 10)$ 表示 $p_A(6$ 百万元,1 千万元$)$,等等. 平衡解 $s_1^*=6$ 百万元,$s_2^*=6$ 百万元的意义很清楚,两饮料集团广告战问题的解决是各得收益 6 百万元. 当然,饮料集团 A(或 B)也可能想拿 1 千万元做广告,以得到(可能)9 百万元收益并使得其对手损失

1 百万元. 然而,其对手也不会不防,也拿 1 千万元做广告. 这样,两饮料集团的收益就只能各得 2 百万元.

应该指出,非零和对策的平衡解不一定存在,因此,我们要像二人零和对策那样讨论混合策略.

这个例子说明,非零和对策问题在实际问题中是大量存在的,值得我们对它们有所了解.

9.4.2 多人非零和非合作对策 Nash 平衡解

在 1950 年,Nash 推广 von Neumann 对二人零和对策的研究,引进了多人非零和非合作对策平衡解的概念. 考虑一个 N 人对策问题 G. 设局中人 i 得到的支付为 $p_i(s_1, s_2, \cdots, s_N)$ ($i=1, 2, \cdots, N$). 如果存在一策略对 $(s_1^*, s_2^*, \cdots, s_N^*)$,使得对于局中人 i 的任意策略 s_i,我们有

$$p_1(s_1, s_2^*, \cdots, s_N^*) \leqslant p_1(s_1^*, s_2^*, \cdots, s_N^*)$$

$$p_2(s_1^*, s_2, \cdots, s_N^*) \leqslant p_2(s_1^*, s_2^*, \cdots, s_N^*) \tag{9.25}$$

$$\cdots$$

$$p_N(s_1^*, s_2^*, \cdots, s_N) \leqslant p_N(s_1^*, s_2^*, \cdots, s_N^*)$$

则称 $(s_1^*, s_2^*, \cdots, s_N^*)$ 为非零和非合作对策 G 的一个平衡解. Nash 还(用不动点定理) 证明了混合策略平衡解的存在性. Nash 的工作在当时并未受到(包括 von Neumann 在内)足够的重视. 直到 20 世纪 70 年代,Nash 发现的东西首次被充分发掘,引起了对策论讨论的复兴. Nash 为此获得 1994 年度的诺贝尔经济学奖.

习 题

1. 考察下面的矩阵对策问题,哪些对策存在纯平衡解? 如果存

在纯平衡解,把它们求出来.

$$(1) \begin{pmatrix} 4 & 5 & 1 & 4 \\ 3 & 4 & 2 & 3 \\ 1 & 3 & 0 & 2 \end{pmatrix}; (2) \begin{pmatrix} 4 & 5 & 1 & 4 \\ 3 & 4 & 2 & 3 \\ 1 & 3 & 3 & 2 \end{pmatrix}; (3) \begin{pmatrix} 4 & 5 & 2 & 4 \\ 3 & 4 & 2 & 3 \\ 1 & 3 & 0 & 2 \end{pmatrix}.$$

2. 考察下面的矩阵对策问题:① 写出对应于矩阵对策的原始-对偶线性规划;② 用单纯性法解原-对偶线性规划;③ 求出混合策略平衡解和值.

$$(1) \begin{pmatrix} 4 & 5 & 1 & 4 \\ 3 & 4 & 2 & 3 \\ 1 & 3 & 0 & 2 \end{pmatrix}; (2) \begin{pmatrix} 4 & 5 & 1 & 4 \\ 3 & 4 & 2 & 3 \\ 1 & 3 & 3 & 2 \end{pmatrix}; (3) \begin{pmatrix} 4 & 5 & 3 & 4 \\ 3 & 4 & 2 & 3 \\ 1 & 3 & 3 & 2 \end{pmatrix};$$

(4) $x_1 = 0$, $x_2 = 2/3$, $x_3 = 1/3$, $y_1 = 1/3$, $y_2 = 0$, $y_3 = 2/3$, $y_4 = 0$.

3. 甲乙两人玩掷硬币游戏. 掷硬币后,甲可知其结果(但乙并不知). 甲有两个选择:玩和不玩. 如果甲选不玩,则他要付乙 1 元. 如果甲选玩,则乙也可选玩或不玩. 如果乙选不玩,则他要付甲 1 元. 如果甲乙都选玩,则如果掷的硬币正面向上,乙付甲 2 元;反面向上,甲付乙 2 元. (1) 把它表示为 二人零和对策问题;(2) 求出混合策略平衡解和值.

4. 甲乙两人玩猜数游戏. 甲在纸上写一个 1—20 之间的一个数(不给乙看),并告诉乙他写的是什么数. 甲可能讲真话或讲假话. 乙要作判断甲是讲真话还是假话. 如果乙抓住甲讲假话,则甲要付乙 10 元. 如果乙说甲讲假话,但是甲是讲真话,则乙要付甲 5 元. 如果甲讲真话而乙猜他讲真话,则甲要付乙 1 元. 如果甲讲假话而乙猜他讲真话,则乙要付甲 5 元. (1) 把它表示为二人零和对策问题;(2) 求出混合策略平衡解和值.

第十章　Matlab 最优化工具箱

摘要:在本章,我们将介绍解线性规划的常用软件:

（1）G. Dantzig and M. Thapa, Linear Programming 1:Introduction 一书中所附的软件.这些软件可以从上海大学数学系机房网站上下载:

ftp://202.121.196.207/Software/math/LP/

复制"LP_win95"到本机硬盘 D:(或指定其他硬盘).

运行 D:/LP_win95/setup. exe.

从开始菜单运行.

在上海大学数学系机房上机的可用

ftp://10.5.1.1/Software/math/LP/

复制"LP_win95",其余相同.

（2）MATLAB.

10.1　Dantzig-Thapa 软件

Dantzig-Thapa 软件是在视窗下工作的,其步骤如下:

（1）启动软件.

（2）选自建数据（Create New Data）中的线性规划（Linear Program）后,点 OK.

（3）键入约束数和变量数后点 Accept(接受).

（4）在所显的窗口填入数据（目标函数的系数、约束矩阵的系数、选不等关系、右端项系数、上界、下界等).

（5）选极大(maximize)或极小(minimize).

（6）选求解方法(DTZG Primal Simplex).

（7）点 Solve 后出现 Run Opereations for Linear Program 窗口.

（8）点 Run 即得解.

（9）在 Run Opereations for Linear Program 窗口上还可以选是否作灵敏性分析.

10.2 用 MATLAB 求解线性规划问题

下面用例子简单介绍一下用最优化工具箱(Optimization Toolbox)中的函数 linprog 来解下面形式线性规划的步骤：

$$\min c^{\mathrm{T}}x$$
$$\text{s. t. } Ax \leqslant b$$
$$Aeqx = beq$$
$$lb \leqslant x \leqslant ub$$

调用函数的语句为

[x,fval] = linprog(c,A,b,Aeq,beq,lb,ub)

例 10.1 求解下列线性规划问题：

$$\min -5x_1 - 2x_2$$
$$\text{s. t. } 30x_1 + 20x_2 \leqslant 160$$
$$5x_1 + x_2 \leqslant 15$$
$$x_1 \leqslant 4$$
$$x_1, \ x_2 \geqslant 0$$

（1）启动 MATLAB,找到命令窗口(Command Window).

（2）输入下列数据：

（a）输入系数矩阵：A = [30 20;5 1;1 0]

(b) 输入成本矢量：c = [-5;-2]

(c) 输入有端矢量：b = [160;15;4]

(d) 输入变量下界：lb = [0;0]

(e) 输入空缺可用 [ ] 补上.

(3) 调用函数：

[x,fval] = linprog(c,A,b,[],[],lb,[])

其中 x 是极小点，fval 是极小值.

(4) 数据输出：

(a) x =

　2.000

　5.000

(b) fval =

　-20.000

上述调用函数的语句可拓展为

[x,fval,exitflag,output] = linprog(c,A,b,Aeq,beq,lb,ub,x0,option)

其中，exitflag 表示求极小过程是否成功：如果 exitflag≤0，则过程不成功（如无解或解无界等情形）；exitflag>0，则过程成功. output 输出迭代次数等. x0 是初始点.

例 10.2 求解下列线性规划问题：

$$\min x_1 - 2x_2$$
$$\text{s. t.} \quad x_1 + x_2 \geq 2$$
$$-x_1 + x_2 \geq 1$$
$$x_2 + x_3 = 3$$
$$x_1, x_2, x_3 \geq 0$$

(1) 输入下列数据：

(a) 输入系数矩阵：A = [-1 -1 0;1 -1 0]（把≥变为≤，A 的

系数变号)

（b）输入系数矩阵：Aeq = [0 1 1]

（c）输入成本矢量：c = [1; −2; 0]

（d）输入右端矢量：b = [−2; −1]（把 ≥ 变为 ≤, b 的系数变号）

（e）输入右端矢量：beq = [3]

（f）输入变量下界：lb = [0; 0; 0]

（g）输入空缺可用 [ ] 补上.

（2）调用函数：

[x, fval, exitflag] = linprog(c, A, b, Aeq, beq, lb, [])

（3）数据输出：

（a）x =

　　0.000

　　3.000

　　0.000

（b）fval =

　　−6.000

（c）exitflag =

　　1

10.3　用 MATLAB 求解
无约束最优化问题

下面简单介绍一下用最优化工具箱（Optimization Toolbox）求无约束极小点和值的步骤. 读者可参阅有关书籍和 MATLAB 提供的 HELP.

例 10.3 求解下列两个变量的无约束极小化问题：

$$\min_{\boldsymbol{x}} f(\boldsymbol{x}) = e_1^x (4x_1^2 + 2x_2^2 + 4x_1 x_2 + 2x_2 + 1).$$

(1) 编写目标函数 f 的 m-文件：MATLAB 中的编辑功能编写目标函数 f 的 m-文件（由 File→New→M-File 可得一视窗）. 我们也可以用"记事本"编写目标函数 f 的 m-文件：

function = f = objfun(x)

f = exp(x(1)) * (4 * x(1) * x(1)＋2 * x(2) * x(2)＋4 * x(1) * x(2)＋2 * x(2)＋1);

把它保存在 MATLAB 目录下的子目录 work 里.

注 10.1 如果你不是用你自己的计算机,你要另外设一个和 work 并行的子目录,如 work1,把你的 m-文件保存在 work1 中. 不过,在运作前要把当前的目录(Current Directory, 它在 Command Window 上面) 改到 work1.

(2) 启动 MATLAB. 找到接受命令的视窗(Command Window).

(3) 给出求无约束极小化的设定：

● 起始点,例如, $x_0 = [-1, 1]$,即 $x_0(1) =-1$, $x_0(2) = 1$.

● 选项设定: options = optimset('LargeScale','off'); 这里调用了函数 optmset. 它包括两个选项 optmset (oldoptd, newopts). MATLAB 默认的设定为'LargeScale'(大规模问题),我们的问题只有两个变量,把这个设定除去('off').

● 输出的设定: [x,fval,exitflag,output]有四项：

(a) x 是近似的极小点.

(b) fval 是近似的极小值.

(c) exitflag 表示求极小过程是否成功：如果 exitflag = 0,则过程不成功;如果 exitflag＞0,则过程成功.

(d) output 是数据输出,它包括：

i. 迭代次数(iterations).

ii. 函数计算量(funcCount).

iii. 步长(stepsize).

iv. 一阶最优性判别(firstorderopt).

v. 采用的算法(algorithm).

对于这个例子,我们键入:

x0=[-1,1];

options = optimset('LargeScale','off');

[x, fval, exitflag, output] = fminunc (@ objfun, x0, options);

(4) 输出:Optimization terminated successfully:

Current search direction is a descent direction, and magnitude of directional derivative in search direction less than 2* options. TolFun

这里只告诉你计算成功. 根据你的需要,你可要 MATLAB 输出更多的信息. 例如,若键入

x

即得

x =

0.5000   -1.000

若键入

fval

即得

fval = 1.3030.e—010

若键入

output

即得

output =

iteration:7

funcCount:40

stepsize:1

firstorderopt:8.1887e—004

algorithm:'medium-scale:Quasi-Newton line search'

10.4　用 MATLAB 求解有约束最优化问题

下面用例子简单介绍一下用最优化工具箱(Optimization Toolbox)求有约束极小点和值的步骤.

例 10.4　求解下列两个变量的有约束极小化问题：

$$\min f(\boldsymbol{x}) = e_1^x(4x_1^2 + 2x_2^2 + 4x_1x_2 + 2x_2 + 1)$$

$$\text{s. t. } x_1x_2 - x_1 - x_2 \leqslant -1.5$$

$$x_1x_2 \geqslant -10$$

(1) 编写目标函数 f 的 m-文件：objfun. m. 我们可以用"记事本"编写目标函数的 m-文件.

function = f = objfun(x)

f = exp(x(1)) * (4 * x(1) * x(1)+2 * x(2) * x(2)+4 * x(1) * x(2)+2 * x(2)+1);

(2) 编写约束函数的 m-文件(confun. m)

function [c, ceq] = confun(x)

c = [1.5+x(1) * x(2)−x(1)−x(2);

−x(1) * x(2)−10];

ceq = [];

把它们保存在 MATLAB 目录下的子目录 work 里.

(3) 启动 MATLAB. 找到接受命令的视窗(Command Window).

(4) 给出求有约束极小化的设定：

● 起始点,例如, $x_0 = [-1, 1]$,即 $x_0(1) = -1$, $x_0(2) = 1$.

● 选项设定：options = optimset('LargeScale','off'); 这里

调用了函数 optmset. 它包括两个选项 optmset (oldoptd, newopts). MATLAB 默认的设定为'LargeScale'(大规模问题),我们的问题只有两个变量,把这个设定除去('off').

● 输出的设定: [x,fval] = … 有两项:

(a) x 是近似的极小点.

(b) fval 是近似的极小值.

对于这个例子,我们键入:

x0=[−1,1];

options = optimset('LargeScale','off');

[x,fval] = …

fmincon(@ objfun, x0, [ ], [ ], [ ], [ ], [ ], [ ], @ confun, options)

(5) 输出:Optimization terminated successfully:

First-order optimality measure less than options. TolFun and maximum constraint violation is less than options. TolCon

Active Constraints:

    1

    2

x =

    −9.547 4   1.047 4

fval =

    0.023 6

若键入

    [c,ceq] = confun(x)

即得

c =

    1.0e−007*

$-0.903\ 2$

$0.903\ 2$

ceq =

[ ]

习　题

1. 用 Dantzig-Thapa 软件解下列线性规划问题：

(1) $\max 5x_1 + 6x_2$

s. t. $2x_1 + 3x_2 \leqslant 18$

$2x_1 + x_2 \leqslant 12$

$x_1 + x_2 \leqslant 8$

$x_1, x_2 \geqslant 0$

(2) $\min 2x_1 - 5x_2 - 3x_3$

s. t. $2x_1 - 3x_2 + 3x_3 \geqslant -2$

$2x_1 + x_2 - 3x_3 \geqslant -5$

$2x_1 - 2x_2 - x_3 \leqslant 5$

$x_1, x_2; x_3 \geqslant 0$

(3) $\max 3x_1 + x_2 + x_3$

s. t. $x_1 - x_2 - 4x_3 \leqslant 5$

$5x_1 + 2x_2 + 4x_3 \leqslant 7$

$x_1, x_3 \geqslant 0$

(4) $\max 3x_1 - x_2 + 5x_3$

s. t. $2x_1 + 5x_2 - 8x_3 = 1$

$-x_1 - 2x_2 + 3x_3 = 1$

$x_1, x_2, x_3 \geqslant 0$

(5) $\min 2x_1 + 2x_2 + 5x_3$

s. t. $10x_1 - 2x_2 + 5x_3 \geqslant 12$

$-3x_1 - 2x_2 - 3x_3 = -6$

$$x_1,\ x_2,\ x_3 \geqslant 0$$

(6) $\min 26x_1 + 7x_2$

    s. t. $3x_1 + 2x_2 \geqslant 15$

        $3x_1 + 2x_2 \geqslant 29$

        $5x_1 + 2x_2 \geqslant 23$

        $x_1,\ x_2 \geqslant 0$

2. 用 MATLAB 解第 1 大题中的线性规划问题.

3. 用 MATLAB 解下列无约束极小化问题:

(1) Rosenbrock 函数:

$$f(\boldsymbol{x}) = 100(x_2 - x_1^2)^2 + (1 - x_1)^2,\ x_0 = [-1,\ 0]$$

(2)

$$f(\boldsymbol{x}) = (x_1 - 2)^4 + (x_1 - 2x_2)^2,\ x_0 = [0,\ 3]$$

4. 用 MATLAB 解下列有约束极小化问题:

(1) $\min f(\boldsymbol{x}) = (x_1 - 2)^2 + (x_2 - 1)^2$

    s. t. $-x_1^2 + x_2 \geqslant 0$

        $-x_1 - x_2 + 2 \geqslant 0$

(2) $\min f(\boldsymbol{x}) = (x_1 + x_2)^2 + 2x_1 + x_2^2$

    s. t. $x_1 + 3x_2 \leqslant 4$

        $2x_1 + x_2 \leqslant 3$

        $x_1 \geqslant 0,\ x_2 \geqslant 0$

参 考 文 献

[1] Chew S H, Zheng Q. Integral Global Optimization: Theory, Implementation and Application[M]. Berlin, Heidelberg: Springer-Verlag,1988.

[2] 郑权,蒋百川,庄松林. 一个求总极值的方法[J]. 应用数学学报,1978, (2): 161 – 173.

[3] 魏国华等. 实用运筹学[M]. 上海:复旦大学出版社,1987.

[4] 徐光辉等. 运筹学基础手册[M]. 北京:科学出版社,1999.

[5] 陶谦坎等. 运筹学[M]. 西安:西安交通大学出版社,1987.

[6] 卢爱珠. 运筹学:经营管理决策的数量方法[M]. 北京:石油工业出版社,1987.

[7] 宁宣熙等. 21 世纪高等院校教材:运筹学实用教程[M]. 北京:科学出版社,2002.

[8] Gillett B E. 运筹学导论:计算机算法[M]. 蔡宣三,译. 北京:机械工业出版社, 1982.

[9] 刁在筠等. 运筹学[M]. 第 2 版. 北京:高等教育出版社,2001.

[10] 熊伟. 运筹学[M]. 北京:机械工业出版社, 2005.

[11] 邓成梁等. 运筹学原理与方法[M]. 第 2 版. 武汉:华中科技大学出版社, 2004.

[12] 甘应爱等. 运筹学[M]. 第 3 版. 北京:清华大学出版社,2007.

[13] 钱颂迪等. 运筹学[M]. 北京:清华大学出版社, 1990.

[14] 杨超等. 运筹学[M]. 北京:科学出版社, 2004.

[15] 杨民助. 运筹学[M]. 西安:交通大学出版社, 2000.

[16] Luenberger, D G(鲁恩伯杰). 线性与非线性规划讨论[M]. 北京:科学出版社,1980.

[17] Avriel, M(阿弗里耳). 非线性规划:上册,下册[M]. 上海:上海科学技

术出版社,1979.

[18] Frederick S Hillier, Gerald J Lieberman. 运筹学导论[M]. 胡运权,译. 北京:清华大学出版社,2007.

[19] Horst R, Pardalos P M, Thoai N V. 全局优化引论[M]. 黄征选,译. 北京:清华大学出版社,2003.

[20] 魏权龄等. 运筹学基础教程[M]. 第 2 版. 北京:中国人民大学出版社,2008.

[21] 吴祈宗等. 运筹学[M]. 第 2 版. 北京:机械工业出版社,2002.

[22] 陈宝林. 最优化理论与算法[M]. 北京:清华大学出版社,1998.

[23] 程里民等. 运筹学模型与方法教程[M]. 北京:清华大学出版社,2006.

[24] 胡运权等. 运筹学教程[M]. 北京:清华大学出版社,2003.

[25] 胡运权等. 运筹学[M]. 第 4 版. 哈尔滨:哈尔滨工业大学出版社, 2005.

[26] 冯文权. 经济预测与决策技术[M]. 武汉:武汉大学出版社,2002.

[27] 林齐宁. 运筹学[M]. 北京:北京邮电大学出版社, 2003.

[28] HAMDY A. 运筹学导论:初级篇[M]. 第 8 版. 薛毅,等译. 北京:人民邮电出版社,2008.

[29] 张杰等. 运筹学模型与实验[M]. 北京:中国电力出版社,2007.

[30] 李南南编. MATLAB 7 简明教程[M]. 北京:清华大学出版社,2006.

[31] 陈可. 中文 Excel 2003 标准教程[M]. 北京:中国劳动社会保障出版社,2003.

[32] 苏金明. MATLAB 实用教程[M]. 第 2 版. 北京:电子工业出版社,2008.

[33] 黄振海. 精通 Matlab7 编程与数据库应用[M]. 北京: 电子工业出版社,2007.

[34] 薛定宁. 高等应用数学问题的 Matlab 求解[M]. 北京:清华大学出版社,2004.